物流市场营销

主　编　刘　杨　孙明贺

副主编　赵永辉　刘丽丽

参　编　李俊梅　邵　新　李　霞

　　　　焦艳宁　李利利　彭宏春

　　　　范　崩

北京理工大学出版社

BEIJING INSTITUTE OF TECHNOLOGY PRESS

内 容 简 介

本书共分为七个项目：认知物流市场营销，综观物流市场营销环境，开展物流市场调研，实施物流市场细分战略，制定物流市场营销组合策略，了解物流市场网络营销，走进物流客户服务。

本书突出物流企业营销工作岗位技能要求，可作为物流企业管理人员、营销人员的培训用书和参考用书。

图书在版编目（CIP）数据

物流市场营销 / 刘杨, 孙明贺主编. –– 北京：
北京理工大学出版社, 2024.1
　　ISBN 978-7-5763-3660-3

　　Ⅰ. ①物… Ⅱ. ①刘… ②孙… Ⅲ. ①物流市场—市
场营销 Ⅳ. ①F252.2

　　中国国家版本馆CIP数据核字（2024）第046414号

责任编辑： 王梦春	**文案编辑：** 邓　洁
责任校对： 刘亚男	**责任印制：** 施胜娟

出版发行 / 北京理工大学出版社有限责任公司

社　　址 / 北京市丰台区四合庄路 6 号

邮　　编 / 100070

电　　话 /（010）68914026（教材售后服务热线）
　　　　　　　（010）68944437（课件资源服务热线）

网　　址 / http：//www.bitpress.com.cn

版 印 次 / 2024 年 1 月第 1 版第 1 次印刷

印　　刷 / 定州启航印刷有限公司

开　　本 / 889 mm × 1194 mm　1/16

印　　张 / 15

字　　数 / 289 千字

定　　价 / 89.00 元

前言 PREFACE

党的二十大报告指出："构建优质高效的服务业新体系，推动现代服务业同先进制造业、现代农业深度融合。加快发展物联网，建设高效顺畅的物流体系，降低物流成本。"中国正处于工业化突飞猛进、高速发展的新时期，物流作为现代商业活动生命线，随着中国经济的崛起已经发展成为重要的现代服务业，是支撑国民经济发展的基础性、战略性、先导性的产业。高质量的物流发展是高质量经济发展的重要组成部分，而具有扎实理论知识与操作技能的物流创新技术技能人才是保障高质量物流发展的前提。物流市场营销既是物流系统中的重要组成部分，也是物流企业运营成功与否的重要影响因素。基于我国物流行业发展、人才培养需求，我们组织编写了本书。

本书以物流市场竞争规律和物流企业开展营销工作的实际需要为导向，以培养物流营销通用能力为目标，依据现代物流企业营销管理的真实工作情境和营销岗位职能的要求设计实训活动。

一、本书全面阐述物流企业市场营销的基本理论、基本方法和必要实务，系统地介绍了物流企业如何应用现代市场营销理论和方法，综合运用各种营销手段、技术与措施，制定市场营销策略，取得市场竞争优势，使企业立于不败之地。

二、采用项目化、任务化的结构体系，每个任务中都设置了案例导入、任务描述、知识准备、任务实施、任务评价等内容，每个项目都设置了项目拓展，突出实践技能与训练的重要地位。

三、本书内容所涉及的营销理论知识、方法、技能、案例等体现了物流市场的最新发展趋势，物流领域的新理念、新知识、新技能和新方法。

本书由河北经济管理学校刘杨、孙明贺担任主编，冀南技师学院赵永辉、河北经济管理学校刘丽丽担任副主编，河北经济管理学校李俊梅、邵新、李霞、河北商贸学校焦艳宁、武汉市供销商业学校李利利、上海现代流通学校彭宏春、深圳市怡亚通供应链股份有限公司项目运营总监范崩参编。全书的框架与结构策划以及修改定稿均由刘杨完成。

本书在编写过程中参考了国内外学者的研究思想和研究成果，并以参考文献的形式列

在书后，在此我们谨向有关专家、学者表示感谢。由于编者水平有限，时间仓促，对物流市场营销相关的知识和内容的把握及表述可能存在不足，敬请各位读者提出批评意见，及时反馈，以便更新完善。

编　者

目 录
CONTENTS

项目一
认知物流市场营销

项目简介

营销无处不在，物流产品的不断创新、物流企业的经营与发展，同样离不开营销。作为物流企业成功的法宝，物流市场营销关系着物流企业的生存与发展。本项目将围绕浅识市场营销、走进物流、初识物流市场营销三方面，开启物流市场营销的认知之路。

学习目标

【知识目标】

（1）掌握市场营销的定义与核心概念，知晓市场营销观念的发展，熟悉市场营销的相关观念；

（2）体会物流的概念与功能要素，知晓物流企业的类型与服务内容，熟悉物流岗位群设置；

（3）掌握物流市场营销的概念、内容与特点，熟悉物流市场营销观念。

【能力目标】

（1）能够辨别不同的市场营销观念，并运用现代营销观念指导市场营销实践，能够运用所学知识解释生活中的营销现象和营销观念；

（2）能够树立物流思想，熟悉生活中的物流现象，具备物流岗位任务的职业素养；

（3）能够正确感知物流市场营销观念，能够运用物流市场营销观念指导物流企业市场营销实践。

【素养目标】

（1）学会用发展变化的眼光对待营销工作和其他事物；

（2）培养与时俱进、勇于创新的精神，能够不断根据实践环境的变化进行营销方法和思维创新，树立新发展理念和人生发展观；

（3）培养良好的职业素养，能够在物流岗位中自觉践行社会主义核心价值观。

知识框图

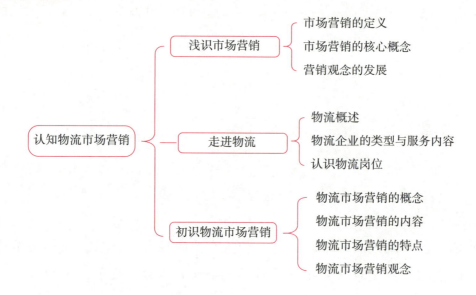

认知物流市场营销
- 浅识市场营销
  - 市场营销的定义
  - 市场营销的核心概念
  - 营销观念的发展
- 走进物流
  - 物流概述
  - 物流企业的类型与服务内容
  - 认识物流岗位
- 初识物流市场营销
  - 物流市场营销的概念
  - 物流市场营销的内容
  - 物流市场营销的特点
  - 物流市场营销观念

任务一　浅识市场营销

案例导入

2023年春分这天,洽洽食品股份有限公司打造的微博话题"春天居然过去了一半",和一则短片《赖一个更久的春天》,一下子引起了大众的强烈共鸣。人们一边被短片所呈现出的充满元气的春天触动,一边更为现实里春天已经过半而感怀,而洽洽也凭借走心的内容"种草"了不少年轻人,又完成了一次破圈的传播。

在"双碳"目标以及绿色可持续发展大背景加持下,环保及可持续发展这股绿色思潮,如今已发展成了当下中国年轻人普遍关注的一种生活态度。在这样的形式下,洽洽抓住了年轻人对于美好春天的渴望,与现实环境问题导致春天正在缩短的矛盾冲突——原来"春脖子"短并不只是人主观上的感受,还有过剩碳排放导致酷寒与酷暑等极端气候发生,让四季中气候适宜的春天越来越短,可谓极容易带给他们触动。而在通过冲突调动了大众的情绪之后,洽洽也针对这一情况将洽洽小黄袋碳中和坚果的产品理念融入短片,鼓励和号召用户一起从每日坚果零食做起减少碳排放,从而让春天停留得更长久。也许这样的行动看上去很微小,却并非是一种噱头:每30包洽洽小黄袋每日坚果约中和2.286千克碳排放,相当于1平方米绿草150天的碳吸收值,已获得了SGS颁发的达成碳中和宣告核证声明,实实在在符合Z世代对于可持续的认知与认同。

自2022年洽洽荣获坚果行业首个国家级"绿色工厂"荣誉称号后，在"双碳"的风口下，它再一次走在行业前面。20多年前，洽洽尚且默默做着瓜子的生意，20多年后的今天，它已经成为"头号玩家"之一，引领着坚果行业的绿色发展。

结合案例，思考问题：

1.恰恰食品股份有限公司采用了什么营销观念？

2.洽洽品牌"常新"的秘诀是什么？

任务描述

物流市场营销是在市场营销的基础上发展起来的，是市场营销的基本理论在物流行业、企业实践中的成功运用。因此，在学习物流市场营销之前，有必要先对市场营销的定义与核心概念、营销观念的发展等基本知识进行了解。

知识准备

一、市场营销的定义

美国市场营销协会（American Marketing Association，AMA）是世界上规模最大的市场营销协会之一，对市场营销的定义是：市场营销是在创造、沟通、传播和交换产品中，为顾客、客户、合作伙伴以及整个社会带来价值的一系列活动、过程和体系。

对于市场营销的认识，我们可以从以下几方面进行理解：

市场营销分为宏观和微观两个层次。宏观市场营销是反映社会的经济活动，以满足社会需要、实现社会目标为目的；微观市场营销是一种企业的经济活动过程，以满足目标顾客的现实或潜在需求、实现企业目标为目的。

市场营销的起点是顾客的需求。一个成功的企业不仅要善于发现并且满足顾客的需求，还要能够实现从满足需求向创造需求的转变，这样才能在激烈的市场竞争中掌握主动权。

探究活动

日日顺物流跨行业、跨领域广建生态圈，立志要做物联网时代的场景品牌和生态品牌，将方向锁定为"场景物流"。请思考，什么是"场景物流"？

日日顺物流的"场景物流"就是要激发用户对于产品迭代的需求，从满足单一产品物流的需求，到送货过程中感知用户的需求，再到创造一种方案激发用户的需求。它在场景生态平台中催生出新需求、新方案，已生成健身、出行、居家服务等众多场景方案，为用户提供"个性定制，一次就好"的场景物流体验，赢得了用户的一致好评。日日顺物流的场景物流如图1-1所示。

图1-1　日日顺物流的场景物流

二、市场营销的核心概念

市场营销的核心概念如图1-2所示。

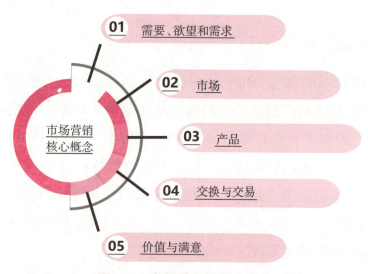

图1-2　市场营销的核心概念

1. 需要、欲望和需求

人类的需要、欲望和需求是市场营销最基础的概念，也是市场营销活动的前提条件和基本依据。

需要是人类的基本要求，例如人们对食物、衣服、房屋和安全的物质需要，对尊重和仁爱的社会需要，对知识和自我表达的个人需要，等等。需要注意的是，这些需要是人类自身本能的基本组成部分，而不是营销人员创造出来的。欲望是人们的需要趋向某些特定的目标以获得满足的愿望，即欲望是需要的具体化。虽然人类的需要非常有限，但其欲望可以有很多。需求是指人们有购买能力并且有愿意购买某种产品的欲望，即需求=欲望+购买力，也就是说，当有购买力支持时，欲望就转化成需求。

探究活动

为了方便出行，大家普遍需要小轿车这样便捷的交通工具，可是对没有购买能力的人来说这种需要只是一种欲望。请想一想，欲望什么时候才能转化成需求？

可见，当人们有愿意购买小轿车作为便捷交通工具的欲望，并且拥有购买能力的时候，欲望就能转化为需求了。

资料卡片

马斯洛需要层次理论

马斯洛是20世纪50年代中期兴起的人本主义心理学派的主要创始人，提出了需要层次理论。马斯洛认为，人的一切行为都由需要引起，而需要系统又包括五种由低级到高级的不同层次的需要：生理需要、安全需要、社交需要、尊重需要、自我实现需要，如图1-3所示。

图1-3 马斯洛需要层次理论

2. 市场

市场是社会分工和商品经济发展的产物，哪里有社会分工和商品生产，哪里就有市场。市场是商品交换的场所。这是对市场狭义的理解，这种认识把市场理解为特定的空间，人们在这种特定的空间内进行商品买卖活动。

什么是市场

探究活动

请说一说，我们日常生活中狭义的市场有哪些？

我们日常生活中的超市、农贸市场、菜市场、鲜花市场等都指的是狭义的市场，人们在市场中进行商品买卖，从而方便生产生活。

广义的市场是指商品交换关系的总和，这是市场的一般概念。从本质上说，市场是商品生产者、中间商和消费者交换关系的总和。为了适应商品交换发展需要，还出现了为商品交换服务的各种服务项目和机构设施，如银行、保险、广告等。随着商品经济的发展，商品的品种、数量逐渐增多，流通范围不断扩大，商品交换关系也日益复杂。

从市场营销的角度来看，市场是具有特定需要和欲望，并具有购买力使这种需要和欲望得到满足的消费者群，包括三个要素：人口、购买力、购买欲望，即：市场=人口+购买力+购买欲望。

3. 产品

产品是指能够提供给市场被人们使用和消费，并能满足人们某种需求的任何东西，包括有形的物品、无形的服务、组织、观念或它们的组合。

探究活动

请想一想，超市里的食品和日用品、物流企业的产品分别属于什么类型的产品？

我们知道，超市里的食品和日用品等都属于有形的物品，即实体产品。物流企业的产品主要指的是为了满足顾客需要，从供应地到接收地提供运输、库存、装卸、搬运及包装储存的服务，并不是有形的物品，而是一种无形的服务。

4. 交换与交易

交换是指通过提供某种东西作为回报，从他人之处取得所想要东西的行为。交换能否真正发生，取决于买卖双方能否找到交换的条件。交换的发生有五个条件，如图1-4所示，并且交换通常总是使双方变得比交换前更好。

图1-4　交换发生的条件

交易是指买卖双方价值的交换。一般来说，交换被看成一个过程而不是一个事件，如果双方正在进行谈判，并趋于达成协议，这就意味着他们双方正在进行交换。一旦达成协议，就发生了交易。

5. 价值与满意

价值是指顾客从拥有或使用某商品所获得的价值与为取得该商品所付出的成本之差。满意是一种心理感受状况，是指个人通过对产品的可感知效果与他的期望值相比较后所形成的愉悦或失望的感觉状态。当顾客的感知没有达到期望时，顾客就会不满、失望；当感知与期望一致时，顾客是满意的；当感知超出期望时，顾客感到物超所值，就会非常满意。顾客满意程度是顾客再次购买产品的驱动力，因此提高顾客满意度是市场营销很重要的一个指标。

顾客满意是企业持续发展的基础，更是企业取得长期成功的必要条件。一项调查表明，平均每个满意的顾客会把他满意的购买经历告诉至少12个人以上，在这12个人里面，在没有其他因素干扰的情况下，有超过10个人表示一定会光临；平均每个不满意的顾客会把他不满意的购买经历告诉20个人以上，并且这些人都表示不愿意接受恶劣服务。

三、营销观念的发展

营销观念是指企业在一定时期、一定生产经营技术和一定市场营销环境下，进行全部市场营销活动，以及正确处理企业、顾客和社会三方面利益的指导思想和行为准则。它的核心问题是：企业以什么为中心来开展生产经营活动。随着社会经济的发展和市场形势的不断变化，具有代表性的营销观念有六种，如图1-5所示：

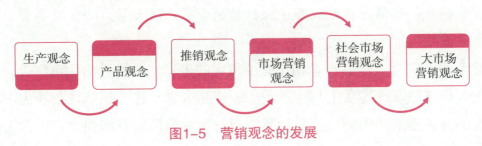

图1-5 营销观念的发展

1. 生产观念

生产观念产生于20世纪20年代以前，是一种古老的指导企业营销活动的思想。这种观念强调"以产定销，以量取胜"，一切营销活动以生产为中心，不考虑顾客的需要和社会利益，主要表现为"我们生产什么，就卖什么"。在此阶段，企业的产品供不应求，即只要企业能生产出具有一定使用价值的产品就不愁卖不出去，因而企业经营的中心问题是如何提高生产效率，扩大生产、降低成本来拓展市场和满足社会的需要。

例如，20世纪初福特汽车公司制造的汽车供不应求，汽车大王亨利·福特宣称："不管顾客需要什么颜色的汽车，我只有一种黑色"，这是典型的生产观念的体现。

2. 产品观念

产品观念也是一种古老的指导企业营销活动的思想。这种观念强调"以质定销"，认为顾客总是喜欢高质量的、有特色的产品，主要表现为"只要产品质量好，就一定有销路"，即企业只要产品质量过硬就不愁卖不出去，正所谓"酒香不怕巷子深"。

例如，海尔首席执行官张瑞敏砸冰箱的事件，已经成为企业质量管理的经典案例。海尔通过砸掉存在缺陷的冰箱，传达了企业清晰的理念：质量是企业生存和发展的根本，保证产品的质量，才能赢得顾客的信任和市场的认可。

产品观念仍然产生于产品供不应求的市场背景下，但企业只把精力放在产品或技术上而忽视了顾客的需求，容易引发"营销近视症"，导致产品单一老化，缺乏创新，从而丧失市场竞争力。

3. 推销观念

推销观念产生于20世纪30年代，是指以推销现有产品为中心的企业经营思想。这种观念强调"以推定销"，认为顾客不会主动地选择和购买产品，企业必须积极推销和大力促销，才能刺激、诱导顾客购买产品。产品观念主要表现为"我们卖什么，人们就买什么"，其目标是企业将自己生产出来的产品推销出去，而不是生产能够出售的新产品，因此这一观念强调的仍然是产品而不是顾客需求。许多企业在产品过剩时，也常常奉行推销观念。

例如，某服装公司因商品过剩，口号由原来的"本公司旨在生产商品"改为"本公司旨在推销商品"，并派出大量推销人员从事推销活动。在推销观念的指导下，许多企业相信产品是"卖出去的"，而不是"被买去的"。他们致力于产品的推广和广告活动，以求说服、甚至强制消费者购买。有的企业还收罗了大批推销专家，做大量广告，对消费者进行无孔不入的促销信息"轰炸"。

推销观念与生产观念、产品观念相比有了很大的进步，企业开始注重宣传，并把重心放在销售环节上，但推销观念实质上与生产观念、产品观念一样，仍然以企业为中心，没有了解与满足顾客的真正需求。因此，这三种营销观念统称为传统营销观念，也称为市场营销的旧观念。

4. 市场营销观念

市场营销观念产生于20世纪50年代，它的出现使企业经营观念发生了根本性的变化，也是营销思想的一次重大变革。这种观念形成于产品供过于求的市场背景下，许多企业开始认识到顾客的需要才是生产、经营和服务的出发点，必须转变经营观念，才能求得生存和发展。市场营销观念强调"以满足顾客需求为出发点"，即顾客需要什么，就生产什么。该观念认为，实现企业诸多目标的关键在于正确判断目标顾客的需要和欲望，并且能比竞争者更有效、更有利地传递目标市场所期望满足的东西。对于此观念有许多生动的说法，如"顾客就是上帝""找出需求并满足之""制造能够销售出去的东西，而不是销售制造出来的东西"等。

许多优秀的企业都是奉行市场营销观念的。例如，"海澜之家"是我国的男装品牌，创立之初就将自己定位于"男人的衣柜"来切合男性需求，如图1-6所示；并牢牢抓住这类群体的心理，提供精准宣传和服务。海澜之家总结核心目标群体特征：男性购物目的性强，有自己的主见，相对女性而言，更追求服装的舒适度，对于旁人的干扰会反感。由此出发，海澜之家首创"无干扰，自选式"购衣模式，提供轻松自在的购物环境，让顾客感受到独特的购物体验。

图1-6 "海澜之家"定位

5. 社会市场营销观念

社会市场营销观念是对市场营销观念的重要补充与完善。它产生于20世纪70年代，此时进入环境恶化、爆炸性人口增长、全球性通货膨胀和忽视社会服务的时代，以及以保护消费者权益为宗旨的消费者主义运动的兴起。社会市场营销观念认为，企业的任务是确定目标市场的需要，并保证或提高消费者和社会福利的实现。企业提供产品，不仅要满足消费者的需要和欲望，符合本企业的利益，还要符合消费者和社会发展的长远利益。社会市场营销观念强调将企业利润、消费者需要、社会利益三方面统一起来。

多年来，蒙牛集团始终坚持"耕绿加法"与"降排减法"组成的"蒙牛绿色发展公式"。"耕绿加法"就是蒙牛集团用10余年的时间在乌兰布和沙漠种下9 700多万棵树，绿化沙漠200多平方公里。据测算，蒙牛人一草一木种出"沙漠绿洲"，未来30年预计可固碳110万吨。"降排减法"就是实施低碳牧场、绿色生产等15项具体举措，这让蒙牛的碳排放总量、强度等指标表现处于全行业的领先水平，也成为其实现"到2030年实现碳达峰，2050年实现碳中和"承诺的重要底气。人与自然是生命共同体，与自然和谐相处应成为所有人、所有企业的共同选择。乳业碳中和工作的"蒙牛加减法"，为守护人类和地球共同健康，正在开辟新的智慧路径。

6. 大市场营销观念

1984年，美国著名市场营销大师菲利普·科特勒，针对现代世界经济迈向区域化和全球化，企业之间的竞争范围早已超越本国本土，形成了无国界竞争的态势，提出了"大市场营销"观念。大市场营销是对传统市场营销组合战略的不断发展。科特勒指出，企业为了进入特定的市场并在那里从事业务经营，在策略上应协调地运用经济、心理、政治、公共关系等手段，以博得外国或地方各方面的合作与支持，从而达到预期的目的。大市场营销战略在4P

（产品Product、价格Price、促销Promotion、渠道Place）的基础上增加了2P（政治权力Power、公共关系Public Relations），从而进一步扩展营销理论。

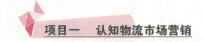 **任务实施**

根据班级人数将学生分成若干实训活动小组，每组设组长一名，负责安排、协调、督促小组完成实训任务，同时做好实训活动记录。

活动一 组建团队

步骤一：发布任务

教师要求学生组建团队，并以竞聘形式选举组长，每组5～6人。

步骤二：竞聘组长

学生进行竞聘演讲，介绍自己的性格、兴趣、能力、价值观、优势与特长等。教师与同学们进行投票选举，确定组长人选。

步骤三：确定组员

组长以具有一定的组织协调能力、写作能力较强、计算机水平较高、语言表达能力较强、绘画基础较好为标准，认真挑选组内成员，从而保证团队的优势互补与综合能力提升。

步骤四：成立团队

各组明确团队名称与口号，并进行团队展示。

步骤五：教师点评

教师点评各组表现，实现总结与提升。

活动二 分析营销观念

【案例】甲公司是经营啤酒的中外合资企业，具有较先进的生产设备和设施，拥有较强的技术力量和素质较高的职工队伍，并制定了严格的生产管理和质量控制措施。公司管理者认为：我们的产品按纯正的原生产风味配方，别具特色，质量过硬，消费者会欢迎我们的产品，我们不会轻易地改变产品的配方，也不会随意降价。目前公司的效益较好，我们不需要吹嘘自己的产品，产品质量本身就是最好的宣传。

乙公司是啤酒行业中的后起之秀，由于底子较薄、基础较差、设备、厂房、技术力量都相对落后，管理者决定首先以当地市场作为目标市场，按本地区消费者的习惯和口味进行配方，尽可能地降低成本，以低廉的价格占领本地市场，使该公司啤酒畅销于本地的各副食商店，各大、中、小餐馆。同时针对一部分高消费者，将价格昂贵的"生啤"送到高级宾馆、娱乐场所，赚取高额利润。在此基础上，市场调研部门组织社会力量，调查研究各地市场的

偏好，计划向外地扩张，逐步扩大经营范围；推广部门借助各种媒介积极宣传企业的业绩，使企业不断发展壮大。

请问：甲公司和乙公司的营销观念是否相同？针对各自的营销观念谈谈甲公司和乙公司的发展前景是否相同。

步骤一：阅读案例

请各组成员认真阅读案例材料。

步骤二：分析营销观念

通过阅读案例材料，可以得知甲公司的营销观念是产品观念，乙公司的营销观念是市场营销观念，所以两公司的营销观念并不相同。

步骤三：分析公司发展前景

甲公司虽然目前效益不错，但单一强调产品质量，看不到消费者的需求与市场需求的变化，长此以往容易造成产品单一、款式老旧、包装和宣传缺乏等情况，从而使企业经营陷入困境。

乙公司把市场营销观念作为企业经营指导思想，时刻以消费者的需求为中心，拥有比较广阔的发展前景。

步骤四：小组讲解

各组派代表进行讲解。

步骤五：教师点评

教师结合各组讲解情况进行点评，实现巩固与提升。

任务评价

任务评价表

考评内容	能力评价						
考评标准	具体内容	工资 / 元				学生认定（40%）	教师认定（60%）
		笔记（20%）	作业（20%）	实训（40%）	测试（20%）		
	组建团队	3 000					
	团队展示	2 000					

续表

考评内容	能力评价			
考评标准	市场营销的定义	2 000		
	营销观念及其发展	3 000		
	合计	10 000		
各组成绩				
小组	工资/元	小组	工资/元	小组	工资/元
教师记录、点评：				

备注：任务考核采用模拟企业工资绩效，用企业绩效管理模式来管理并考核学生的学习过程，实施过程性考核。工资以人民币计算，每100元折合为1分，计算总分时小数点后保留一位数字。

任务二 走进物流

案例导入

2023年11月5—10日，第六届进博会在上海举行。今年的第二列"中欧班列——进博号"也于近期抵达上海，这趟班列作为强化国际合作的纽带，体现了共建"一带一路"倡议的蓬勃生机。

"中欧班列——进博号"刷新了国际高效物流的记录。这趟列车由德国杜伊斯堡市发车，全程超过11 000公里，仅用时16天便抵达上海。创造了中欧线运输时效的历史新高，为进博会提供了高效的物流保障。"中欧班列——进博号"列车为进博会带来了更加丰富的参展展品，铁路部门联合有关部门和企业，组织开行3列"进博号"列车，预计承运210标箱（TEU）货物，货值超过3.5亿元。这为国际贸易往来提供了生动范例，也让进博会呈现更多商机。

上海作为"一带一路"的重要节点和进博会的永久举办地，将从物流的进步中受益。为了确保"中欧班列——进博号"高质量开行，铁路部门新开辟了中储场站。新场站将为中欧班列提供更完善的设备和服务，不仅可以提高大宗商品的进出口效率，还能降低物流成本，为国际国内大宗商品期、现货交易提供更便捷的通道。

"中欧班列——进博号"不仅为进博会增添色彩，还为国际贸易合作搭建了更加坚实的桥梁。我们相信，中欧班列未来也将跨越山海，奔赴繁荣，不断为国际合作提供更多的可能。

结合案例，思考问题：

1. "中欧班列——进博号"列车为进博会提供了哪些高效物流保障？

2. 作为"一带一路"倡议的重要载体和成功实践，中欧班列发挥了什么样的重要作用？

任务描述

物流影响着人们日常生活的方方面面，家用物品和衣食住行均离不开物流。可以说，没有物流就没有现代的便捷生活。我们经常看到公路上印有"顺丰速运""德邦物流"的车辆，见到形形色色的物流企业，享受着高效便捷的物流服务。让我们一起走进物流、认识物流吧。

知识准备

走进物流

一、物流概述

1. 物流的定义

中华人民共和国国家标准《物流术语》（GB/T 18354—2021）中物流的定义为：根据实际需要，将运输、储存、装卸、搬运、包装、流通加工、配送、信息处理等基本功能实施有机结合，使物品从供应地向接收地进行实体流动的过程。

2. 物流的功能要素

物流既是一种经济活动，也是不断满足客户需求的过程。它不仅要考虑从生产者到消费者的货物配送问题，还要考虑从供应商到生产者的原材料采购问题，以及生产者本身在产品制造过程中的保管、运输和信息传达等各个方面的问题，从而全面地提高经济效益和效率。因此，物流是包含物品的运输、仓储、包装、装卸搬运、流通加工、配送以及相关物流信息处理等功能要素的活动，并把这些功能要素有效地组合、联结在一起，从而实现物流的总功能。物流的功能要素如图1-7所示。

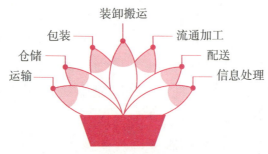

图1-7　物流的功能要素

（1）运输。

运输是指用运输设备将物品从一个地点向另一个地点运送，其中包括集货、分配、搬运、中转、装入、卸下、分散等一系列操作。集装箱船运输如图1-8所示。它是物流活动中的主要环节之一，也是物流活动中各项业务的中心活动。运输费用在物流费用中占有很大的比重，是影响物流费用的一项重要因素，更是降低物流费用、发挥物流系统整体功能的重要环节。

图1-8　集装箱船运输

（2）仓储。

仓储是通过仓库对物品进行储存、保管以及相关储存活动的总称。它是物流活动的重要支柱，一般出现在物流各环节之间，例如采购与生产之间、生产的初加工与精加工之间、生产与销售之间、批发与零售之间、不同运输方式转换之间等。仓储功能如图1-9所示。

图1-9　仓储功能

（3）包装。

包装是指在流通过程中为保护产品、方便储运、促进销售，按一定技术方法而采用的容器、材料及辅助物等的总体名称，也指为了达到上述目的在采用容器、材料和辅助物的过程中施加一定技术方法等的操作活动。物流包装如图1-10所示。包装既是生产的终点，又是物流的起点，它在很大程度上制约着物流其他环节的运行状况。

图1-10　物流包装

（4）装卸搬运。

装卸是指物品在指定地点以人力或机械装入运输设备或卸下，搬运是指在同一场所内对物品进行以水平移动为主的物流作业，两者统称装卸搬运。装卸搬运活动的基本动作包括装车（船）、卸车（船）、堆垛、入库、出库以及联结上述各项动作的短程输送，是伴随运输和仓储等活动而产生的必要活动。装卸搬运活动如图1-11所示。

图1-11　装卸搬运活动

（5）流通加工。

流通加工是指物品从生产地到使用地的流通过程中，根据需要进行包装、分割、计量、分拣、刷标志、栓标签、组装等简单作业的总称。流通加工活动如图1-12所示。它是为了提高物流速度和商品的利用率，在商品进入流通领域后，按客户的要求进行的加工活动。

图1-12　流通加工活动

（6）配送。

配送是指在经济合理区域范围内，根据客户要求，对物品进行拣选、加工、包装、分割、组配等作业，并按时送达指定地点的物流活动。从物流角度来看，配送几乎包括了所有的物流功能要素，是物流活动的一个缩影，是在某个范围中全部物流活动的体现。配送功能如图1-13所示。

图1-13 配送功能

（7）信息处理。

物流活动中各个环节生成的信息，一般随着从生产到消费的物流活动的产生而产生，并与物流过程中的运输、储存、装卸搬运、包装等各种职能有机地结合在一起，从而保证整个物流活动顺利进行。信息处理功能如图1-14所示。

图1-14 信息处理功能

二、物流企业的类型与服务内容

1. 物流企业的类型

中华人民共和国国家标准《物流术语》（GB/T 18354—2021）中对物流企业的定义为：从事物流基本功能内的物流业务设计及系统运作，具有与自身业务相适应的信息管理系统，实行独立核算、独立承担民事责任的经济组织。

按照不同的分类原则，物流企业有多种不同的类型：

（1）根据物流公司以某项服务功能为主要特征，并向物流服务其他功能延伸的不同状况可分为运输型物流公司、仓储型物流公司和综合服务型物流公司三种类型。

（2）根据物流公司是自行完成和承担物流业务，还是委托他人进行操作，可分为物流自理公司和物流代理公司。物流自理公司就是常说的物流公司，可以按照业务范围进行具体划分。物流代理公司按照物流业务代理的范围，分为综合性物流代理公司和功能性物流代理公司，其中，功能性物流代理公司包括运输代理公司（货代公司）、仓储代理公司（仓代公司）和流通加工代理公司等。

2.物流企业的服务内容

典型的物流企业服务内容主要有三个方面，如图1-15所示。

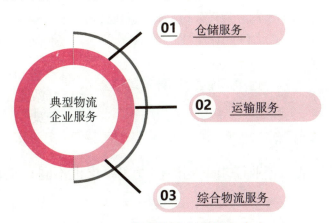

图1-15 典型物流企业服务内容

（1）仓储服务：以从事货物仓储业务为主，为客户提供货物储存、保管、中转等服务。

（2）运输服务：以从事货物运输业务为主，包括货物快递服务和运输代理服务。

（3）综合物流服务：从事多种物流服务业务，可以为客户提供运输、货运代理、仓储、配送等多种物流服务。

三、认识物流岗位

1.物流企业岗位设置

物流企业工作人员从职业性质角度划分，大致可以分为企业决策人员、管理人员及一线操作人员等几个层次，其中一线操作人员所占比重最大，主要从事设备的操作与维护、物流信息收集、加工、整理、储存、运输、配送等工作。

（1）物流岗位群设置。

物流企业结合自身需求会设置不同的岗位群，同时根据自身性质、规模不同，也会设置不同的组织结构。有时，同一岗位在不同企业也有着不同的名称、作用和职责，物流岗位群设置如表1-1所示。

表1-1 物流岗位群设置

企业类别	岗位群设置	所在行业	主要岗位
企业物流	企业物流	生产、流通企业事业单位的物流部门	企业物流信息员、采购员、生产计划与调度员、仓储管理员、叉车司机、装卸工等
物流企业	运输业务	物流运输公司、货运公司	业务员、调度员、客服人员、货运管理员等
	仓储配送	配送中心、大型超市等	采购员、单证员、仓储管理员、叉车司机、管理员、装卸搬运员等
	国际货运代理	国际货代公司、航空货代公司、进出口贸易公司	单证员、客服人员、操作员、报检员、业务员等
	港口码头操作	远洋运输公司、外贸运输公司、港口装卸公司	港口码头机械操作员、集装箱场站业务操作员、船舶靠泊离岸服务员等

（2）仓储型企业组织结构。

物流岗位设置错综复杂，企业需求不同岗位设置要求也不同，某仓储型企业组织结构，如图1-16所示。

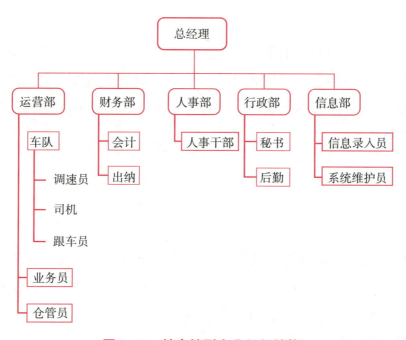

图1-16 某仓储型企业组织结构

（3）运输型企业组织结构。

以某运输型企业岗位设置为例，其组织结构如图1-17所示。

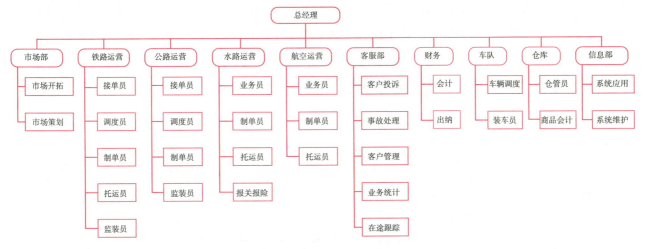

图1-17　某运输型企业组织结构

2. 物流岗位任务的职业素养

物流岗位任务的职业素养是指物流从业人员需要具备的基本素养，主要包括职业道德素养和职业技能素养。职业素养在很大程度上影响着从业人员的职业生涯发展。

（1）物流岗位任务的职业道德素养即物流从业人员在职业活动中应该遵循一定的行为准则。主要包括：具有良好的品德修养，健康的身体和心理素质；自觉践行社会主义核心价值观，做到爱国守法、爱岗敬业、诚实守信、友善待人；具有一定的竞争意识、良好的团队合作精神、较强的沟通能力和人际关系协调能力；具备继续学习、自我提高及终身学习的能力；具有安全作业观念、环保节约意识及创新精神；具有严格按照物流操作规程工作的意识和良好的专业行为规范等。

（2）物流岗位任务的职业技能素养包括通用能力素养和专业能力素养。通用能力素养是现代职业人士需要掌握的基本能力，如计算机应用能力、外语应用能力等。专业能力素养是指物流从业人员经过学习和训练，形成的操作技巧和思维活动能力，包括物流规划能力、运输控制能力、库存管理能力、报关报检能力、国际货代能力、物流营销能力、物流客服能力等。

探究活动

请想一想，仓储型物流企业、运输型物流企业的工作人员应该具备什么样的职业素养？

随着物流行业竞争日益激烈，企业更加青睐专业技能较强且一专多能的复合型人才。对于仓储型物流企业来说，初入职场的工作人员要掌握仓储设备的使用维护与管理技能、仓库管理的基本技能、单证制作与打印技巧以及常用办公设备的使用等。运输型企业的员工，不仅要熟悉货物运输的管理，还要懂得车辆调度、客户服务关系管理、业务处理等知识。物流企业营销人员要掌握现代市场营销的理论和方法，能够综合运用各种营销手段、技术与措施，制定市场营销策略，取得市场竞争优势，使企业立于不败之地。

🔲 任务实施

根据班级人数将学生分成若干实训活动小组，每组设组长一名，负责安排、协调、督促小组完成实训任务，同时做好实训活动记录。

活动 成立物流公司

步骤一：搜集公司成立信息

各小组利用互联网搜集拟成立物流公司的相关资料，例如公司设立的流程与准备资料、公司标志的设计、公司经营理念、发展愿景等，并确定某一种产品作为主营业务。

初创公司一般选择设立有限责任公司，以有限责任公司为例，设立企业的基本流程是：查名（确认公司的名字）→开验资户→验资（完成公司注册资金验资手续）→签字（客户前往工商所核实签字）→申请公司营业执照→申请组织机构代码证→申请税务登记证→办理基本账户和纳税账户→办理税种登记→办理税种核定→办理印花税业务→办理纳税人认定→办理办税员认定→办理发票认购手续。

步骤二：分析成立公司相关资料

各组组长组织小组成员对本组拟成立公司的相关资料进行分析、讨论，为成立公司做好准备。

步骤三：准备成立公司的相关资料

各小组把搜集到的各种资料进行组合，在思考、酝酿、甄选的基础上形成自己的思路，并确定如下事项：公司名称、经营理念、发展愿景、公司标志、经营范围、物流岗位群设置及组织结构。

步骤四：成立公司

各小组确定好以上资料，就可以按照企业设立流程成立公司了。

任务评价

任务评价表

考评内容	能力评价						
考评标准	具体内容	工资／元				学生认定（40%）	教师认定（60%）
		笔记（20%）	作业（20%）	实训（40%）	测试（20%）		
	物流的概念及功能要素	1 000					
	物流企业类型	1 000					
	物流岗位群设置及职业素养	2 000					
	公司设立流程与准备资料	3 000					
	成立物流公司	3 000					
合计		10 000					

各组成绩

小组	工资／元	小组	工资／元	小组	工资／元

教师记录、点评：

备注：任务考核采用模拟企业工资绩效，用企业绩效管理模式来管理并考核学生的学习过程，实施过程性考核。工资以人民币计算，每100元折合为1分，计算总分时小数点后保留一位数字。

任务三　初识物流市场营销

案例导入

国家邮政局监测数据显示，2023年11月1—11日，全国邮政快递企业共揽收快递包裹52.64亿件，同比增长23.22%。这些快递跋山涉水来到人们面前，留下了大量快递箱。有的快递箱被猫猫"霸占"成猫窝，有的被爆改成书立，但更多的是被扔掉，造成了大量浪费。

看到消费者的快递箱处理成为难题，京东物流表示：无所谓，我会出手！"双十一"期间，京东物流上线退换无忧绿色省心寄活动，推广旧箱寄件、包装循环，让包裹开启一场绿色旅行。随着众多用户的参与，这些小小的包裹，传递的不再只是心心念念的好物，环保理念也寄托于此，在整个热议场中不断流转。

作为这次包裹绿色旅行的"导游"，京东物流还在线上携手微博搭建了一个特别的"双十一"限定团建场——"包裹的绿色旅行"，号召大家为日常减碳支招，共同参与到绿色生活的践行中来。

结合案例，思考问题：

1.京东物流在"双十一"掀起的环保热反映了何种营销观念？

2.此次包裹的绿色旅行被称为京东物流的"绿色长征"，你能解释其中含义吗？

任务描述

物流市场营销关系着物流企业的生存与发展，是物流企业成功的法宝。作为物流企业的营销人员，必须准确地了解与把握物流市场营销的基本知识。只有这样，营销实践才会成功。这就要求初学者必须从基础学起，认知物流市场营销，感知物流市场营销观念。

知识准备

一、物流市场营销的概念

物流市场营销是市场营销在物流行业的运用，是指物流企业以物流市场的需求为核心，针对物流及其相关服务所进行的综合性市场营销活动。物流企业市场营销的目的是通过综合性的活动手段，了解、掌握客户需求，并向客户介

物流市场营销

绍能够满足客户需要的物流服务，使客户了解、认识并接受物流企业及相应的物流服务。

二、物流市场营销的内容

物流企业进行市场营销活动的中心任务是通过营销活动达成交易或交换，其主要内容有：了解物流市场及客户需求，进行物流市场调研，对物流市场进行细分；根据物流企业资源、优势、劣势、机会和风险进行物流市场定位；精心设计能够满足客户需求的物流产品并合理定价；通过大市场营销等方式，开发新市场；通过有效的方式宣传物流企业、物流服务；通过公共关系等手段，提升物流企业在公众中的形象。

三、物流市场营销的特点

物流市场营销的特点如图1-18所示。

01 产品是服务

02 服务能力强

03 服务质量由客户的感受决定

04 对象广泛、市场差异大

物流市场营销的特点

图1-18　物流市场营销的特点

1. 物流市场营销的产品是服务

物流企业为客户提供的产品是服务，这种服务实现物品在时间、空间的位置移动和形状变动，并通过物品和信息的流动过程达到物流价值的最大化。

> **资料卡片**
>
> ### 物流服务的特点
>
> 因为物流市场营销的产品是服务，所以物流服务具有服务产品的所有特征，除此之外，它也有着自身的特点。例如无形性，是指服务的特质和组成服务的元素很多都是无形的，让人难以触摸或凭肉眼看见其存在；差异性，是指服务的构成成分及其质量水平经常变化，很难统一界定；不可储存性，是指服务不像有形产品一样可以被储存起来，以备未来出售；定制化程度较高，是指服务要根据客户要求进行设计与提供。

2. 物流市场营销的服务能力强

随着物流市场需求的演变，客户的个性化需求表现突出，客观上要求物流企业必须具备强大的营销服务能力与之相适应。

3. 物流服务质量由客户的感受决定

物流企业提供的产品是服务，因此服务质量的优劣由客户接受服务以后的感受决定，并且与客户的感受有很大的关系。

4. 物流市场营销的对象广泛、市场差异大

随着经济活动的全球化，物流活动变得更加复杂，物流企业拥有了更加广阔的市场和服务对象。各工商企业为了突出竞争优势，往往把其他非核心业务外包出去，加之一些政府、非营利性组织等也日益成为物流企业的服务对象，而客户的广泛性必然导致市场的差异性。因此物流企业面对的是一个差异程度很大、个性化很强的市场。

四、物流市场营销观念

1. 客户满意观念

20世纪90年代以后，物流企业的营销管理开始突出强调客户满意度，通过满意的客户去宣传企业的形象。前面提到，客户满意是一种心理感受状况，它既是客户再次购买产品的基础，也是影响其他客户购买的要素；而客户满意度是一个相对概念，是客户期望值与客户体验的匹配程度。换言之，就是客户通过对一种产品可感知的效果与其期望值相比较后得出的指数。物流企业已经深刻认识到客户满意是其最宝贵的资源之一。

2. 客户服务观念

随着物流行业的竞争越来越激烈，物流企业已经认识到以客户为中心的管理是未来成功的关键。客户是企业利润的来源，客户服务水平的高低直接影响企业市场竞争能力，关系到企业的生存与发展。物流客户服务是指物流企业为促进其产品或服务的销售，发生在客户与物流企业之间的相互活动。物流客户服务是企业对客户的一种承诺，更是企业战略的重要组成部分。

3. 绿色物流营销观念

绿色物流营销观念是一种全新的物流营销观念，也是人们越来越重视的一个理念，主要目标是物流企业最大限度地消除与抑制物流运输所带来的环境伤害。人们的环保意识不断增强以及全世界对环境问题更加重视，推动了绿色物流营销观念的发展。绿色物流营销观念已经成为人们日常生活中必不可少的一部分。

2022年"双十一"期间，京东物流为消费者提供了减碳参与平台，基于物流碳足迹计算平台，转化京东物流自身的减碳量，并向消费者派发"20万吨减碳券"，用户在"双十一"期间通过京东快递寄递包裹，在个人碳账户中可自动获得减碳券，以此实现"供应链脱碳共享"。为了让更多消费者参与到减碳、降碳中，京东物流陆续推出包括原发包装（图1-19）、新能源仓储、绿色运输、循环回收等在内的绿色物流服务，让消费者从可持续发展的被动受众，转变为绿色低碳发展的主导者和参与者。

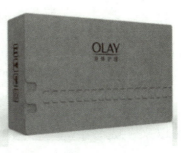

图1-19　京东物流原发包装

4.物流业智慧营销观念

随着现代社会电子技术的迅猛发展，传统物流行业已经在各方面举步维艰。工业4.0的到来，宣告物流行业迎来一个崭新的开始。物流行业在大数据技术下展开智慧营销已经成为不可逆转的新局面。智慧物流营销如图1-20所示。相较于传统物流行业，物流企业通过大数据技术，运用智慧营销手段可以更好地应对外部环境的变化，有效预测市场走势，精准定位，抢占先机。大数据下智慧物流营销的应用还能优化企业的自身服务质量，提升客户体验，从而更好地推进新时代物流行业营销模式的改变。

图1-20　智慧物流营销

例如，九州通医药集团股份有限公司是一家平台化、互联网化、数字化科技驱动型高效运营的全链医药供应链服务型企业。

在平台化方面，九州通建成了覆盖连锁药店、医院/基层医疗机构、县级商业联盟分销商（准终端），以及互联网医药供应链的全渠道"高速公路"平台。在互联网化方面，九州通从医药分销与零售入手，搭建了互联网交易平台和为客户提供赋能服务的互联网工具包。在数字化方面，九州通是行业内极少数具有自主研发的全国统一的ERP系统、主数据管理系统的现代数字化医药流通企业。

 **任务实施**

根据班级人数将学生分成若干实训活动小组，每组设组长一名，负责安排、协调、督促小组完成实训任务，同时做好实训活动记录。

活动　分析物流市场营销观念

【案例】前不久，国家烟草专卖局印发实施意见，要求扎实做好行业碳达峰、碳中和工作，加快推动行业绿色低碳发展。山东威海烟草有限公司面向零售客户开展"让裹膜回家"行动。

自2021年7月以来，威海市局（公司）将"创新、协调、绿色、开放、共享"新发展理念一体贯彻、全面落实到绿色物流建设工作中，成立攻关小组，在全省系统率先开展卷烟包装塑膜回收循环利用工作，并率先建立卷烟包装塑膜回收工作流程，"变废为宝"，走出了一条"塑膜垃圾"绿色循环发展之路。

在充分了解零售客户的意愿需求，认为开展此项工作具有可行性和必要性以后，攻关小组统筹协调，突出发挥流程建设的指引作用，制定了一整套卷烟包装塑膜回收循环利用的流程方案，绘制了塑膜回收管理流程图，优化了具体流程节点。

在教育普及、宣传引导方面，攻关小组向全市系统零售客户制作发放"让裹膜回家"倡议书，借助诚信互助小组例会，广泛宣传"绿色环保、爱心公益"理念，确保客户充分认识、普遍接受；从服务客户角度出发，制作《简单三步，教你如何整理回收卷烟包装膜》教学小视频，让零售客户直观感受回收工作的便捷性，不断提高参与活动的积极性、主动性。

在党建引领，公益融合方面，攻关小组发起"薄膜·厚爱"党建和公益活动，由零售客户、客户经理、物流员工三方党员代表组成爱心联盟，将收回塑膜有偿交厂家循环利用，回收所得收益全部捐献地方慈善机构并在新商盟网站发布公示，接受全体零售客户监督。

请问：山东威海烟草有限公司在进行绿色物流建设中体现了什么物流市场营销观念？你能提出合理化建议吗？

步骤一：阅读案例

请各组成员认真阅读案例材料。

步骤二：分析物流市场营销观念

案例中"威海市局（公司）将'创新、协调、绿色、开放、共享'新发展理念一体贯彻、全面落实到绿色物流建设工作中"体现了绿色物流营销观念；

"攻关小组充分了解零售客户的意愿需求，认为开展此项工作具有可行性和必要性"体现了客户满意观念；

　　"攻关小组从服务客户角度出发，制作《简单三步，教你如何整理回收卷烟包装膜》教学小视频"体现了客户服务观念。

　　步骤三：学生提出合理化建议

　　学生结合案例资料，对威海市局（公司）的绿色物流建设工作提出了自己的合理化建议。

　　步骤四：学生讲解

　　各组派代表进行讲解。

　　步骤五：教师点评

　　教师点评，实现巩固与提升。

任务评价

任务评价表

考评内容	能力评价						
	具体内容	工资／元				学生认定（40%）	教师认定（60%）
		笔记（20%）	作业（20%）	实训（40%）	测试（20%）		
考评标准	物流市场营销的概念	2 000					
	物流市场营销的内容	2 000					
	物流市场营销的特点	2 000					
	物流市场营销观念	4 000					
	合计	10 000					
各组成绩							
小组	工资／元	小组	工资／元	小组	工资／元		

续表

考评内容	能力评价
教师记录、点评：	

备注：任务考核采用模拟企业工资绩效，用企业绩效管理模式来管理并考核学生的学习过程，实施过程性考核。工资以人民币计算，每100元折合为1分，计算总分时小数点后保留一位数字。

 **项目拓展**

一、单选题

1.以下营销观念描述了"企业只要能生产出具有一定使用价值的产品，就不愁卖出去"思想的是（　　）。

A. 生产观念　　　　　B.产品观念　　　　　C.推销观念　　　　　D.市场营销观念

2. "酒香不怕巷子深"折射出来的观念是（　　）。

A. 生产观念　　　　　B.产品观念　　　　　C.推销观念　　　　　D.市场营销观念

3.（　　）是物流活动中的主要环节之一，也是物流活动中各项业务的中心活动。

A.仓储　　　　　　　B.装卸搬运　　　　　C.运输　　　　　　　D.配送

4.物流企业工作人员中（　　）对员工的合作要求比较高，是物流企业中占从业人员比例较大的岗位。

A.决策人员　　　　　B.中层人员　　　　　C.一线操作人员　　　D.合同工

二、多选题

1.典型的物流企业服务包含的内容有（　　）。

A.仓储服务　　　　　B.运输服务　　　　　C.综合物流服务　　　D.信息服务

2.以下属于物流从业人员职业道德素养的有（　　）。

A.爱岗敬业　　　　　B.爱国守法　　　　　C.诚实守信　　　　　D.友善待人

3.绿色物流营销观念的主要做法有（　　）。

A.集约资源　　　　　B.绿色运输　　　　　C.绿色仓储　　　　　D.绿色包装

三、简答题

1.市场营销的核心概念有哪些？

2.请简述物流的功能要素。

3.物流企业的类型有哪些？

4.简要阐述物流从业人员的职业素养。

5.简要阐述物流市场营销观念。

项目二
综观物流市场营销环境

项目简介

　　物流是当今社会经济发展必不可少的重要环节，物畅其流是国家重要的战略构想。2022年，全国社会物流总额达347.6万亿元，实现稳定增长。我国有着40多年的物流发展史，国内物流已经形成多种所有制并存、多元主体竞争、多层次服务共生的格局。在这种形势下，物流市场营销环境的重要性越来越显现出来，研究营销环境对于指导物流企业的市场营销活动具有重要意义。我们通过分析物流市场营销环境，监测跟踪市场营销环境发展趋势，发现市场机会和威胁，从而调整营销策略以适应环境变化。

学习目标

【知识目标】

　　（1）了解物流市场营销环境的概念和特征；

　　（2）掌握物流市场营销环境的分类；

　　（3）掌握物流市场营销环境分析法。

【能力目标】

　　（1）能够根据物流市场营销环境的特征，分析营销环境特征的关联性，提升逻辑能力；

　　（2）能够辩证甄别物流市场营销环境，提升判断能力；

　　（3）能够辨别影响物流企业环境因素的类型，分析微观环境因素和宏观环境因素对物流企业的影响；

　　（4）能够正确运用矩阵图分析法、SWOT分析法，对物流营销环境进行营销决策。

【素养目标】

　　（1）形成爱岗敬业、科学分析问题、爱国守法的良好职业道德素养；

　　（2）树立正确的发展理念和大局观念；

　　（3）树立热爱中国传统文化的观念，以热爱祖国为动力自主学习、主动学习，为实现中国式现代化添砖加瓦。

知识框图

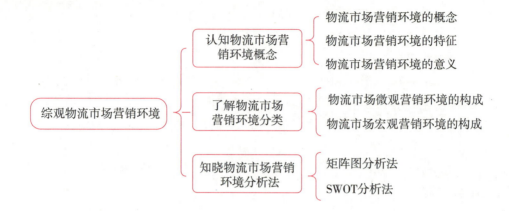

任务一　认知物流市场营销环境概念

案例导入

2023年11月，《全球快递发展报告（2023）》发布。该报告指出，中国快递包裹业务量自2014年起稳居世界第一，2022年中国快递包裹业务量为1 105.8亿件，业务收入1 0566.7亿元。2022年中国快递包裹服务品牌集中度指数为84.5%，市场集中度进一步提升。中国快递包裹企业实力明显增强，中国邮政、顺丰速运位列世界500强企业，中通、韵达、圆通、申通等快递企业的业务量均超过百亿件规模。2022年，中国快递基础设施投入持续加大，服务能力不断增强，各营业网点达到43.4万处，拥有国内快递专用货机161万架，拥有运输汽车36.8万辆。

随着邮政网络扩大开放，合作空间更加广阔，新一代信息技术和智能装备将加速与寄递企业深度融合，科技赋能将帮助企业进一步提升仓网效能、优化配送路径、提升供应链管理能力。我国物流业在向高质量方向发展，物流营销方向也随之变动。

（资料来源：《中国物流与采购》）

结合案例，思考问题：

1.最近一个月你收到了多少个快递包裹？接到了几个快递公司打来的电话？

2.请你谈一谈物流给我们生活带来的便利，感受中国快速发展带给我们的自豪感。

任务描述

市场营销环境作为一种客观存在，是不以企业的意志为转移的，有着自己的运行规律和发展趋势。物流市场营销环境是一个综合概念，由多方面的因素组成。随着网络时代的发展，特别是网络技术在营销中的运用，环境更加变化多端。所以，研究营销环境对于任何一个物流企业都具有重要意义。本任务主要学习物流市场营销环境的概念、特征和意义。

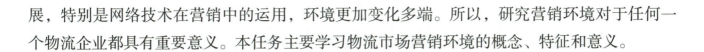

知识准备

市场营销环境是企业营销活动的制约因素，营销活动依赖于这些环境才得以正常进行。这表现在：营销管理者虽可控制物流企业的大部分营销活动，但必须注意环境对营销决策的影响；营销管理者虽能分析、认识营销环境提供的机会，但无法控制所有有利因素的变化；由于营销决策与环境之间的关系复杂多变，营销管理者无法直接把握物流企业营销决策实施的最终结果。

物流市场营销环境

一、物流市场营销环境的概念

1.市场营销环境的定义

任何物流企业从事营销活动，都会受到所处环境的影响。环境是指事物外界的情况和条件。环境的变化是绝对的、永恒的。市场营销环境是指处在营销管理职能外部影响市场营销活动的所有不可控制因素的总和。

2.物流市场营销环境的概念

物流市场营销是市场营销在物流行业的运用，互联网经济时代，物流企业要想实现更好、更快的发展，就要综合考虑各项因素，根据物流市场环境的变化，不断创新市场营销模式。物流市场营销环境是指物流企业市场营销活动有关的各种外界条件和因素的综合。随着中国物流行业不断完善，服务产品和服务模式日趋呈现多样性，多种经营模式加快发展。

二、物流市场营销环境的特征

物流市场营销环境的特征如图2-1所示。

图2-1　物流市场营销环境的特征

1.客观性

市场营销环境作为一种客观存在，是不以物流企业的意志为转移的，有着自己的运行规律和发展趋势，营销活动要以环境为依据，企业要主动适应环境，而且要通过营销努力去影响环境，使环境有利于企业的生存和发展，有利于提高企业营销活动的有效性。

2.多变性

构成企业营销环境的因素是多方面的，而每一个因素都会受到诸多因素的影响，都会随着社会经济的发展而不断变化。特别是互联网技术的普及，给物流企业市场营销创造了新的发展机遇与挑战。

资料卡片

　　国家邮政局监测数据显示，2023年"双十一"期间，全国邮政、快递企业累计揽收快递包裹约77.67亿件，同比增长25.7%；累计投递快递包裹约75.09亿件，同比增长30.9%。受电商平台促销模式和节奏变化的影响，2023年的"双十一"业务旺季呈现出两个高峰的特点，分别出现在11月1日和11月11日，这有效化解了以往单个高峰的压力，使行业运行更加平稳。面对促销周期延长、战线提前并拉长的考验，邮政快递业不断加强与电商平台信息对接，继续发挥"错峰发货、均衡推进"机制作用，同时在场地、车辆、分拣设备、信息系统等方面进行了扩容和升级。

（资料来源：《中信建投证券研究报告》）

3.相关性

构成物流企业营销环境的各种因素和力量是相互联系、相互依赖的。营销环境诸因素间，相互影响，相互制约，某一因素的变化，会带动其他因素的相互变化，形成新的营销环境。

4.差异性

不同的国家或地区之间，宏观环境存在着广泛的差异，不同企业的微观环境也千差万别。企业所处的地理环境、生产经营的性质、政府管理制度等方面存在差异，不仅表现在不同物流企业受不同环境的影响，而且同样一种环境对不同物流企业的影响也不尽相同。

5.动态性

物流企业的外界环境和内部环境随着时间的推移经常处于变化之中。营销环境因素是在不断扩大和发展变化的，营销环境既是一种强制的不可控制的因素，又是一种不确定的、难以预料的因素。

探究活动

为满足"双十一"收货人取包裹的迫切需求，菜鸟驿站在2023年"双十一"期间试推广"24小时自助取"，在开通"夜间取件"功能的站点，将"24点前自助取"升级为"24小时自助取"。这意味着，只要小区的菜鸟驿站有"夜间取件"功能，无论多晚，全天24小时消费者都可使用菜鸟APP扫码开门自助取件。

三、物流市场营销环境的意义

1. 市场营销环境对物流企业营销带来双重影响

（1）营销环境给企业营销带来的威胁。营销环境中会出现许多不利于企业营销活动的因素，由此形成挑战。如果企业不采取相应的规避风险的措施，这些因素会导致企业营销的困难，带来威胁。为保证物流企业营销活动的正常运行，企业应注重对营销环境进行分析，及时避开环境威胁，将危机减小到最低程度。

（2）营销环境给物流企业营销带来新的市场机会。营销环境也会滋生出对企业具有吸引力的领域，带来营销的机会。为此，企业应加强应对环境的分析，当环境机会出现时善于捕捉和把握，以求得企业的发展。

资料卡片

2023年11月，中国国际供应链博览会在北京举行。这是全球首个以供应链为主题的国家级展会。展会以"链接世界 共创未来"为主题，旨在巩固和加强全球产业链、供应链合作，创造一个促进各方加强沟通、深化合作、共谋发展的国际化平台。圆通速递是唯一一家参展的民营快递物流企业。

圆通速递董事长喻渭蛟出席链博会开幕式，发表《服务社会 强企为国》的主题演讲。喻渭蛟表示，"全球供应链将迎来一次新的发展机遇，这是民营快递物流企业创新发展格局的新机会。我们将跟着'一带一路'走出去，跟着华人华企走出去，跟着跨境电商走出去，积极实施国际供应链战略。圆通将根据国家战略指引、行业发展趋势和客户需求变化，助力打造安全、稳定的供应链体系。"

（资料来源：圆通之家公众号）

2. 市场营销环境是物流企业营销活动的资源基础

市场营销环境是企业营销活动的资源基础。物流企业营销活动所需的各种资源，如资金、信息、人才等都是由环境来提供的。物流企业生产经营的产品或服务需要哪些资源、多少资源、从哪里获取资源，都必须通过分析研究营销环境因素来解决，以获取最优的营销资源来满足企业经营的需要，实现营销目标。

3. 市场营销环境是物流企业制定营销策略的依据

物流企业营销活动受制于客观环境因素，必须与所处的营销环境相适应。但企业在环境面前绝不是无能为力、束手无策的，而是能够发挥主观能动性，制定有效的营销策略去影响环境，从而扬长避短，发挥优势，在竞争中取胜。

任务实施

根据班级人数将学生分成若干实训活动小组，每组设组长一名，负责安排、协调、督促小组完成实训任务，同时做好实训活动记录。

活动　分析韵达物流"6.18"营销环境

【案例】2022年"6.18"大促预售期间，商家整装待发，消费者翘首以待。韵达速递多措并举助力商家，让快件快速、安全、放心地送达各地消费者手中。

1. 以数智化赋能，加强服务能力保障

每一次年中大促，巨大的订单量数据都需要快速、高效地及时处理。韵达分布式数据库技术将首次在"6.18"大促期间得到应用，为商家订单处理以及韵达全网全链路一体式数智化管控提供稳定保障，让智慧分单、智慧路由、智慧中转、智慧客服高效运转，快速响应商家需求，提升商家和消费者满意度。

2. 全链路消杀措施，让快件中转、派送更安全

韵达从总部、省公司、分拨中心到一线网点，按照"无接触式交接多区隔离"和消杀措施要求，逐级落实快件全链路消杀细节执行，确保快件全链路安全、运输、中转。在快件派送"最后一公里"，韵达小哥按照客户收件需求安全完成送达。

3. 推出智橙网等增值产品，满足高品质商家定制化服务需求

"6.18"大促适逢夏日，也是南方水果等品类销售旺季。在提供传统快递服务基础上，为满足高品质商家服务需求，韵达推出智橙网等增值产品。这些增值产品具有优先交件、优先中转、送前电联、按需配送、送货上门等高端配送优势，可以很好满足高品质商家定制化服务需求，为消费者提供优质服务体验。

（资料来源：韵达速递官网）

步骤一：结合案例分析物流市场营销环境的意义

韵达物流的营销环境如表2-1所示。

表 2-1　韵达物流的营销环境

序号	韵达物流	意义
1	数智化赋能	市场营销环境是物流企业制定营销策略的依据
2	全链路消杀措施	市场营销环境是物流企业营销活动的资源基础
3	智橙网等增值产品	市场营销环境对物流企业营销带来双重影响

步骤二：找出韵达物流市场在"6.18"到来之时营销环境的变化因素

（1）商家和消费者快递物流需求增大；

（2）高品质客户的定制化服务需求。

步骤三：分析韵达物流应对市场营销环境变化所采取的措施

（1）以数智化赋能，加强服务能力保障；

（2）推出智橙网等增值产品，满足高品质商家定制化服务需求。

步骤四：学生讲解任务完成情况

每组抽出一名代表，结合物流市场营销环境的意义讲解本组收获。

任务评价

任务评价表

考评内容	能力评价						
	具体内容	工资 / 元				学生认定（40%）	教师认定（60%）
		笔记（20%）	作业（20%）	实训（40%）	测试（20%）		
考评标准	能够掌握物流市场营销环境知识点	2 000					
	能够分析案例并补充丰富相关内容	3 000					
	能够结合理论联系案例实际	2 000					
	能够汇总信息并进行展示	2 000					
	能够对其他小组的展示提出质疑	1 000					
	合计	10 000					

考评内容	能力评价				
	各组成绩				
小组	工资 / 元	小组	工资 / 元	小组	工资 / 元
教师记录、点评：					

　　备注：任务考核采用模拟企业工资绩效，用企业绩效管理模式来管理并考核学生的学习过程，实施过程性考核。工资以人民币计算，每100元折合为1分，计算总分时小数点后保留一位数字。

任务二　了解物流市场营销环境分类

案例导入

　　京东物流主要聚焦于快消、服装、家电家具、3C、汽车、生鲜六大行业，为客户提供一体化供应链解决方案和物流服务，帮助客户优化存货管理、减少运营成本、高效分配内部资源，实现新的增长。

　　京东物流建立了包含仓储网络、综合运输网络、最后一公里配送网络、大件网络、冷链物流网络和跨境物流网络在内的高度协同的六大网络，具备数字化、广泛和灵活的特点，服务范围覆盖了中国几乎所有地区、城镇和人口，不仅建立了中国电商与消费者之间的信赖关系，还通过211限时达等时效产品和上门服务，重新定义了物流服务标准，客户体验持续领先行业。在国家邮政局已公布的2023年第三季度快递服务公众满意度调查中，京东快递再次以高分位列第一阵营，服务满意度持续领跑行业。

（资料来源：京东物流官网）

结合案例，思考问题：

1.你对京东物流印象如何？京东物流员工在服务中体现了哪些职业素养？哪些环境因素会对物流营销产生影响？

2.企业命运与国家紧密相连，如何理解物流企业员工要提高职业认同感和归属感，具有国际视野、危机意识，具有攻坚克难、锐意进取精神。

▦ 任务描述

企业营销活动与其经营环境密不可分，根据物流企业对环境因素的可控度，营销环境一般可分为宏观环境与微观环境。微观环境直接影响和制约物流企业的市场营销活动，而宏观环境主要以微观营销环境为媒介间接影响和制约物流企业的市场营销活动。营销管理者应采取积极、主动的态度能动地去适应营销环境，在一定条件下，也可运用自身的资源，积极影响和改变环境因素，创造更有利于企业营销活动的空间。本任务主要学习微观环境和宏观环境对物流市场营销的影响。

▦ 知识准备

物流市场营销环境主要包括两方面的构成要素（图2-2），一是微观环境要素，即指与企业紧密相联，直接影响其营销能力的各种参与者，包括供应商、物流企业内部环境、客户、营销中介、竞争者和社会公众等。由于这些环境因素对企业的营销活动有着直接的影响，所以又称直接营销环境。二是宏观环境要素，即影响企业宏观环境的巨大社会力量，包括政治法律、经济、科学技术、自然、社会文化、人口环境等六个方面的因素。由于这些环境因素对企业的营销活动有着间接的影响，所以又称间接营销环境。

了解微观、宏观物流市场营销环境

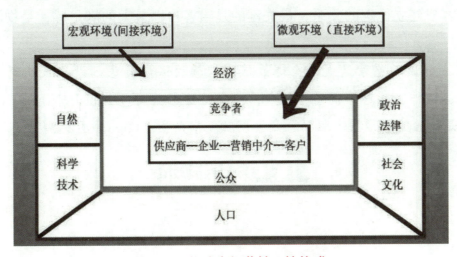

图2-2　物流市场营销环境构成

一、物流市场微观营销环境的构成

1. 供应商

物流供应商是指物流企业从事物流活动所需资源和服务的提供者。供应商的可靠性直接影响物流企业的服务能力；供应资源的价格和质量影响物流企业服务的成本和质量。因此，物流企业在选择供应商时，首先要考察其资信，其次要与其建立长期合作关系但又不能过分依赖。

2. 企业内部环境

物流企业开展营销活动必须依赖于各部门的配合和支持，即必须进行制造、采购、研究与开发、财务、市场营销等业务活动。人力资源、信息技术、运输设备、装卸搬运机械及工具、存储设备、资金能力等，都对营销部门的计划和行动产生影响，因此物流企业内部环境的优劣，是企业成功与否的关键。

探究活动

请想一想，我国大型物流企业有中外运、中远海物流、中邮物流、中国储运等，它们共有的特征是什么？

3. 客户

物流企业的客户是物流服务的对象，是物流服务营销活动的最终目标市场。营销大师菲利普·科特勒说过：企业的整个经营活动要以顾客满足度为指针，要从顾客角度，用顾客的观点而非企业自身利益的观点，来分析考虑消费者的需求。因此如何发现客户吸引客户，留住客户，并与客户建立稳定的关系，最关键的是给客户以最大的满足感，是物流服务营销活动的出发点和归宿。

例如，京东物流的愿景是成为全球最值得信赖的供应链基础设施服务商，价值观是客户为先、诚信、协作、感恩、拼搏、担当，使命是技术驱动、引领全球高效流通和可持续发展，核心战略是体验为本、技术驱动、效率制胜。京东物流Logo如图2-3所示。

JDL 京东物流

图2-3　京东物流Logo

4. 营销中介

物流营销中介是指协助物流企业推广、销售和分配产品到最终用户的中介企业，包括中间商、营销服务机构和金融机构。对于物流企业而言，各类货运代理机构是最主要的中间商；调研公司、广告公司、咨询公司是主要的营销服务机构。这些中介企业有着丰富的专业知识和经验，在物流企业推广和销售中发挥着举足轻重的作用。

5. 竞争者

竞争者是指与本企业提供的产品或服务类似，并且有着相似的目标顾客和相似价格的企业，包括现有的物流企业、从事同类产品及服务的所有企业和潜在的进入者。从消费需求的角度来看，企业的竞争者包括愿望竞争者、平行竞争者、产品形式竞争者和品牌竞争者。物流企业的营销系统总是被一群竞争者包围和影响，必须识别和战胜竞争对手，才能在顾客心目中强有力地确定其所提供产品和服务的地位，以获取战略优势。

资料卡片

（1）愿望竞争者，是指提供不同产品、满足不同消费欲望的竞争者；

（2）平行竞争者，是指满足同一消费欲望的不同产品之间的可替代性，是消费者在决定需要的类型之后出现的次一级竞争；

（3）产品形式竞争者，产品形式竞争者是指满足同一消费欲望的同类产品不同产品形式之间的竞争，消费者在决定了需要的属类产品之后，还必须决定购买何产品；

（4）品牌竞争者，是指满足同一消费欲望的同种产品形式但不同品牌之间的竞争。

探究活动

请搜一搜，2023年我国排名前十的物流公司分别有哪些？它们属于什么形式的竞争者？

6. 社会公众

社会公众是指对物流企业实现其营销目标有实际或潜在利害关系和影响力的团体或个人。物流企业所面临的公众还有以下几种：融资公众、媒介公众、政府公众、社团公众、社区公众、内部公众等。

资料卡片

（1）融资公众：如银行、投资公司、证券经纪公司、保险公司等；

（2）媒介公众：报纸、杂志社、广播电台、电视台等大众传播媒介。

（3）政府公众：负责管理企业营销活动的有关政府机构，如工商、税务、卫生等。

（4）社团公众：保护消费者权益的组织、环保组织及其他群众团体等。

（5）社区公众：企业所在地附近的居民和社区组织。

（6）一般公众：上述各种公众之外的社会公众。

（7）内部公众：企业内部的公众，包括董事会、经理、企业职工。

二、物流市场宏观营销环境的构成

1. 政治法律环境

政治与法律是影响企业营销活动重要的宏观环境因素。政治与法律相互联系，共同对企业的市场营销活动发挥影响和作用。政治环境是指企业市场营销活动的外部政治形势和状况以及国家的方针和政策。法律环境是指国家或地方政府颁布的各项法规法令和条例。政治因素调节着企业营销活动的方向，法律因素规定了企业营销活动及其行为的准则。

2. 经济环境

经济环境是指一国或一个地区总体经济实力状况，经济现状及未来走势会直接影响物流企业营销实践。对物流企业营销影响比较大的是经济发展水平、消费者收入和支出水平、消费者储蓄和信贷情况等因素。消费者收入中起决定作用的是可支配收入，它构成实际的购买力，因此是影响消费者购买力和消费者支出的决定性因素。

资料卡片

2022年统计数据显示中国人均消费支出10强城市依次为：杭州（46 640元）、上海（46 045元）、深圳（44 793元）、广州（44 036元）、厦门（43 970元）、宁波（42 997元）、苏州（42 889元）、温州（42 809元）、北京（42 683元）、无锡（41 381元）。

3. 科学技术环境

科技环境是指影响物流企业运作的一切科学技术因素的总和，主要包括新技术、新材料、新能源、新产品、科技发展水平、专利数量、技术标准等。科技环境不仅直接影响着企业内部的生产和经营，同时还与其他环境因素互相依赖、相互作用。信息网络领域的技术突破，大型高速船舶、新能源汽车、无人驾驶、物联网、下一代信息网络等将在物流领域得到广泛应用，互联网、大数据、云计算、人工智能等将与物流业深度融合，这些都对物流业升级具有重大促进作用。

资料卡片

2023年上半年，申通三年投入百亿资金提升产能，背后依托的是申通全站上云的科技底座，用大数据勾勒蓝图，再逐步构筑产能实体。在数智化运营的加持下，申通在基建选址、设计、运营等全流程环节进行大数据科学研判，为申通产能质效齐升保驾护航，满满"科技范"！

场地规划部通过大数据进行"路由仿真"，通过网点热力图等数据模型，找到新场地选址的最优解。申通约90%的转运中心新设备可以进行实时数据监测，并支持移动端同步。一旦出现微小的数据异常，工作人员可以立即进行隐患排查，对于快件卡货、皮带磨穿等故障实现提前预警。

（资料来源：申通快递公众号）

4. 自然环境

市场营销学上的自然环境，主要是指自然界提供给人类各种形式的物质财富，如矿产资源、森林资源、土地资源、水力资源等。中国目前面临着自然资源日益短缺、能源成本趋于提高、环境污染日益严重等现象，政府对自然资源的管理和干预不断加强。物流营销企业必须树立绿色营销、绿色物流观念，在营销活动中抑制物流活动对环境的污染，减少资源消耗，利用先进的物流技术规划和实施运输、仓储、装卸搬运、流通加工、包装、配送等作业流程。

资料卡片

截至2023年9月底，全国电商快件不再二次包装比例超过90%，使用可循环包装的邮件快件超8亿件，设置标准包装废弃物回收装置的邮政快递网点达12.7万个，回收复用质量完好的瓦楞纸箱超6亿个。

2023年5月，国家邮政局组织全国性派件包装大抽查数据测算。数据显示，邮件快件包装物标准率超过75%，尤其在减量化方面成效明显。订单方面，全行业电子运单使用基本实现全覆盖；包装方面，5层的包装箱瓦楞纸减为3层，减量达40%；胶带宽度从60毫米减至45毫米以下，减量达25%。材料使用上，重金属和溶剂残留超标包装得到有效遏制。2023年9月底，共有132家企业获得158张快递包装绿色产品认证证书。

（资料来源：《人民日报》）

5. 社会文化环境

社会文化环境涵盖面很广，无时无刻不在影响着企业的市场营销活动。社会文化环境是指物流企业所在国家或地区的民族特征、价值观念、生活方式、风俗习惯、宗教信仰、伦理道德、教育水平、语言文字等的总和，它影响着人们的购买欲望与消费行为。无论在国内还是在国际上开展物流市场营销活动，企业都必须全面了解、认真分析所处的社会文化环境，从而正确选择目标市场，制定切实可行的营销方案。

6. 人口环境

人口也是构成物流市场的重要因素，人口动力可以创造新机会、新市场，因此，人越多，市场规模越大。人口环境对物流企业营销的影响主要表现在人口规模及其增长率、人口的年龄结构、人口的性别结构、家庭结构、社会结构和人口的地理分布等因素对物流营销活动的影响上。

资料卡片

近几年，就地过年催生出诸多消费新现象。春节期间，邮政 EMS、顺丰、京东、中通、圆通、申通、韵达、百世、德邦和极兔等品牌快递企业仍在坚持运营，全行业在岗人数超百万人。家乡年货反向狂奔与淘宝式拜年相映成趣，人们之间的亲情通过寄"乡愁"来连接；一人食、半成品年夜饭，拓展了年夜饭外延。

（资料来源：《中国经济时报》）

任务实施

根据班级人数将学生分成若干实训活动小组，每组设组长一名，负责安排、协调、督促小组完成实训任务，同时做好实训活动记录。

活动 分析顺丰速运的营销环境

【案例】"6.18"电商节期间，顺丰速运坚持品质服务，为天猫、拼多多、唯品会、苏宁、抖音、快手等各大电商平台物流合作护航，是品牌客户及品质商家的首选。

近期，生鲜寄递需求旺盛，为全力保障广大农户的荔枝等生鲜食品能及时寄递出去，顺丰成立专项小组，筹措资源，调用全货机超753架次，额外采购临时航空资源超150架次，并结合冷链车等多种资源，确保农产品新鲜送至消费者手中。此外，6.18期间，顺丰还通过国际自营全货机，将1 300千克的灵山荔枝，出口运输至马来西亚，从灵山原产地到海外客户手中，全程仅48小时。

为全面保障配送效率，此次"61.8"期间，公司出动81架全货机，超3 400班次航段，517

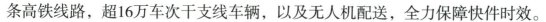

条高铁线路，超16万车次干支线车辆，以及无人机配送，全力保障快件时效。

根据星图数据，"6.18"大促期间，全网交易总额为5 784.8亿元，顺丰业务量预测端通过大数据、云计算精准预测快件量与流向，平均准确率达98%。智慧供应链应用上，顺丰一体化综合物流解决方案遍布3C、服装、零售、医药、生鲜等各大领域，为行业客户提供高效、敏捷的数字化一体化供应链服务。

除了全面多元运力调配和投入外，在客户下单后收件、中转、派送的每个环节都全力以赴，准时到达率近90%。同时坚持"3+1"服务，即微笑服务、礼貌用语、道别感谢"3"个服务礼仪，统"1"化的服务标准，始终用心为客户提供有温度的服务。智能客服24小时服务，人工客服20秒接通率达92%，售后服务满意率达到95.1%。

讨论分析以上案例中的宏观因素和微观因素对顺丰速运营销的影响及其对策。

步骤一：阅读案例，找出影响顺丰速运的环境因素

顺丰速运的营销环境如表2-2所示。

表2-2　顺丰速运的营销环境

微观环境	物流企业内部环境	81架全货机，超3 400班次航段，517条高铁线路，超16万车次干支线车辆，以及无人机配送。同时坚持"3+1"服务，即微笑服务、礼貌用语、道别感谢"3"个服务礼仪，统"1"化的服务标准，智能客服24小时服务
	客户	天猫、拼多多、唯品会、苏宁、抖音、快手等各大电商平台
	营销中介	车站、码头、机场、港口、货运代理点、航空代理点、铁路、公路、航空运输公司等联运公司
	竞争者	圆通、中通、申通、韵达等物流公司
	社会公众	电视广告、网络广告等传播媒介
宏观环境	科技环境	无人机、京东无人配送站、大数据、云计算、智能客服
	人口环境	中国人口众多，客户量庞大
	社会文化环境	消费者生活方式发生改变，逐渐习惯于网络购物
	经济环境	消费者可支配收入增加，购买力能力增强

步骤二：分析顺丰速运在"6.18"成功的原因

（1）因生鲜寄递需求旺盛，为全力保障广大农户的荔枝等生鲜食品能及时寄递出去，（　　　）。

（2）为全面保障配送效率，（　　　）。

（3）智慧供应链应用上，（　　　）。

（4）同时坚持"3+1"服务，是（　　　）。

步骤三：学生讲解，教师点评

选出一名代表讲解本组的讨论结果，教师对每组学生完成情况进行点评。

任务评价

任务评价表

考评内容	能力评价						
考评标准	具体内容	工资/元				学生认定（40%）	教师认定（60%）
		笔记（20%）	作业（20%）	实训（40%）	测试（20%）		
	能够掌握物流市场营销环境分类	2 000					
	搜集信息完成表格相关内容	3 000					
	结合公司对各个要素做出评判	2 000					
	汇总信息去伪存真并进行展示	1 000					
	能够联系实际提出物流公司营销方向	2 000					
	合计	10 000					

各组成绩					
小组	工资/元	小组	工资/元	小组	工资/元

教师记录、点评：

备注：任务考核采用模拟企业工资绩效，用企业绩效管理模式来管理并考核学生的学习过程，实施过程性考核。工资以人民币计算，每100元折合为1分，计算总分时小数点后保留一位数字。

任务三　知晓物流市场营销环境分析法

案例导入

2023年7月，北京遭遇了暴雨，受暴雨影响，快递时效也受到了不小的影响。一些包裹的物流进度停滞或者进展缓慢。对于物流迟滞，平台也发出了"受暴雨天气影响，部分地区时效可能有所延迟"的提醒。从中通、圆通、极兔等快递企业处了解到，为了支持受灾网点，公司已提前储备应急车辆和后备人员保障寄递通畅，还将陆续对丢失的快件进行统计和理赔。

极兔速递在京津冀地区进行协调，重点关注受暴雨影响较大的区域，在员工安全、快件安全、车辆安全、用电安全、防汛物资、值班排布等方面开展工作，加速处理积压快件。圆通北京门头沟、房山等山区网点及河北涿州等相关网点已在尽力转移客户快件。圆通总部和省区引导、帮助网点做好客户解释工作，第一时间组织复工复产，恢复快件派送。

结合案例，思考问题：

1.突如其来的强降雨给快递业带来了哪些影响？

2.危难之时，物流企业应如何彰显家国情怀？物流企业员工要如何展现责任担当？

任务描述

由于物流企业市场营销环境具有动态多变性、差异性和不可控性等特征，物流企业要想在多变的市场环境中处于不败之地，就必须对营销环境进行调查分析，必须适应环境的变化，以明确其现状和发展变化的趋势，从中区别出对企业发展有利的机会和不利的威胁，并且根据企业自身的条件做出相应的对策。本任务主要学习对市场机会和环境威胁分析的思路与方法，掌握SWOT环境分析法，知晓物流企业如何应对市场环境的变化。

知识准备

物流市场营销环境分析即监测跟踪市场营销环境发展趋势，发现环境机会和威胁，从而调整营销策略以适应环境变化。下面主要学习矩阵图分析法和SWOT分析法。

一、矩阵图分析法

1. 环境机会分析

环境机会是指营销环境中对物流企业营销活动富有吸引力的领域，在该领域企业拥有竞争优势。环境机会矩阵图如图2-4所示，分析结果如下：

（1）Ⅰ是最佳机会：应准备若干计划以追求其中一个或几个机会；

（2）Ⅱ和Ⅲ是应密切注视，可能成为最佳机会；

（3）Ⅳ是机会太小，不予考虑。

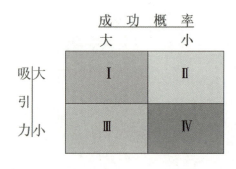

图2-4 环境机会矩阵图

> **资料卡片**
>
> 顺丰航空将"一带一路"节点城市"串点成线"，立足枢纽优势"组网成面"，积极响应国家倡议，有力发挥航空物流"扩流通、促循环"的作用，稳步拓展国际航线网络，以服务"空中丝绸之路"为切入点，积极融入全球产业链、供应链的发展。顺丰航空已通航的"一带一路"节点城市累计达14个，货运航线联通中亚、东南亚、中东12个国家，为"一带一路"沿线的经贸往来创造了便利。

2. 环境威胁分析

环境威胁是指营销环境中不利于物流企业营销的因素和发展趋势，对企业形成挑战，对企业市场地位构成威胁。其主要有以下两方面：一是分析环境威胁的潜在严重性，即对物流企业营销的影响程度；二是分析环境威胁出现的可能性。环境威胁矩阵图如图2-5所示，分析结果如下：

（1）Ⅰ是关键性的威胁：会严重危害公司利益且出现可能性大，应准备应变计划；

（2）Ⅱ和Ⅲ是不需准备应变计划，但需密切关注，可能发展成严重威胁；

（3）Ⅳ是威胁较小，不加理会。

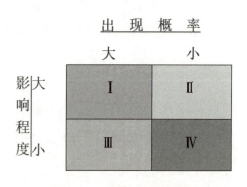

图2-5 环境威胁矩阵图

3.综合环境分析

运用矩阵图法进行综合环境分析。机会威胁矩阵图如图2-6所示，分析结果如下。

（1）风险业务：环境机会很多，威胁也很严重；

（2）理想业务：环境机会很多，严重威胁很少；

（3）困难业务：环境机会很少，威胁却很严重；

（4）成熟业务：环境机会很少，威胁也不严重。

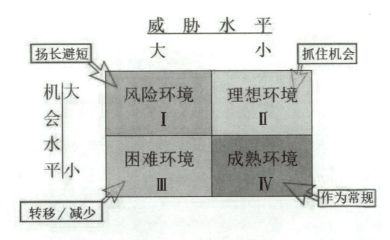

图2-6　机会威胁矩阵图

互联网经济时代，面对日益激烈的市场竞争形势以及不断增强的市场冲击力，物流企业不得不优化市场营销方案。物流企业市场营销对策主要有以下几种。

（1）对风险业务不宜盲目冒进，也不应迟疑不决，错失良机；

（2）对理想业务应抓住机遇，迅速行动；

（3）对困难业务要么努力改变环境走出困境、减轻威胁；要么立即转移，摆脱困境。

（4）对成熟业务可作为企业常规业务，用以维持企业的正常运转；

二、SWOT分析法

SWOT分析法是市场营销的基础分析方法之一。SWOT分析法是指对企业内外部条件各方面内容进行综合和概括，进而分析企业的优劣势、面临的机会和威胁的一种方法。SWOT分别代表Strengths（优势）、Weaknesses（劣势）、Opportunities（机会）和Threats（威胁）四个方面。SWOT分析法具体步骤如下：

SWOT分析法

1.分析环境因素

SWOT分析法可以分为两部分：第一部分为SW，主要用来分析内部环境，内部环境的优势、劣势是组织可以控制的内部因素，包括财务资源、技术资源、研发、组织文化、人力资源、产品特征和营销资源等。第二部分为OT，主要用来分析外部环境。利用这种方法可以从中找出对公司有利的、值得发扬的因素及对自己不利的、要避开的东西，发现存在的问题，外部环境的机会和威胁是组织无法控制的外部因素，包括政治法律、经济、社会文化、科学技术和人口环境、自然环境等因素。

2. 构造矩阵并进行战略分析

把分析结果列举出来，依照矩阵形式排列，把各种因素相互匹配起来加以分析，如图2-7所示。

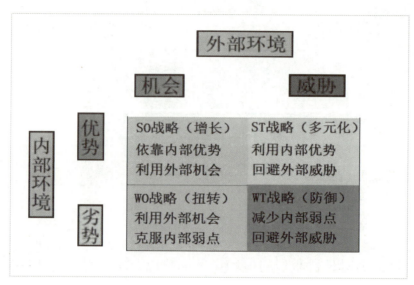

图2-7 SWOT分析图

3. 制订行动计划

根据前两个步骤，制订出相应的行动计划。制订计划的基本思路是：发挥优势因素，克服弱点因素，利用机会因素，化解威胁因素。

（1）增长型战略（SO）：当内部和外部机会相互一致并相互适应时，就会产生杠杆效应。在这种情况下，公司可以利用内部优势来抓住外部机会，并充分整合机遇和优势。但是，机遇往往是短暂的，公司必须抓住机遇，寻求更大的发展。

（2）扭转型战略（WO）：当环境提供的机会不适合物流公司的内部资源优势，企业的优势将不再得到体现。在这种情况下，公司需要提供并添加某些资源，尽力利用外部机会，克服内部弱点。

（3）多元化战略（ST）：当环境条件对公司的优势构成威胁时，这些优势将无法充分发挥。在这种情况下，公司需要利用内部优势，回避外部威胁。

（4）防御型战略（WT）：当公司的内部弱点和公司的外部威胁相遇时，公司将面临严峻的挑战。如果处理不当，可能会直接威胁到公司的生存。公司需要减少内部弱点，回避外部威胁。

任务实施

根据班级人数将学生分成若干实训活动小组，每组设组长一名，负责安排、协调、督促小组完成实训任务，同时做好实训活动记录。

活动　顺丰冷运物流 SWOT 分析

【案例】2023年6月，顺丰冷运再次荣登中国冷链物流百强企业榜首，连续第五年蝉联该殊荣。为了满足商家在线上和线下的全渠道服务需求，顺丰冷运增强了2B仓储和干线运输能力。采用全国分仓模式，并结合大网前置仓和即时配送服务能力，形成了覆盖2B（大件）、2C（快递）和即时订单（2小时达）的冷链流通全场景解决方案，为客户提供时效和成本最优的解决方案，进一步扩大了业务份额。

顺丰冷仓完成了自研冷链仓储管理系统的切换，并实现了仓内无纸化操作。通过自动化建设、流程优化和提高自有员工比例等措施，仓储服务能力和运营效率明显提升，产能水平能够稳定支撑电商大促业务高峰。重点关注冰淇淋、低温奶、肉制品和预制菜等行业，持续提升冷仓、整车和仓配一体化产品能力，为客户提供一体化的供应链解决方案。

建设末端提派队伍，增强冷链最后一公里服务的保障能力。通过仓网规划和库存规划等系统能力，优化客户分仓模型，助力客户供应链降低成本并提高质量。科技赋能提升仓内操作效率，结合仓内生产与发运班次的优化调整，进一步提高订单履约时效。建设数字化物流履约监控与响应闭环管理系统，以提升客户的服务体验。通过以上目标的实施，顺丰冷运将不断提升冷链服务质量和效率，为客户提供更优质、可靠的冷运解决方案，并致力于成为冷链行业的领军企业。

（资料来源：顺丰冷运公众号）

步骤一：阅读案例，分析并填写表 2-3

表 2-3　顺丰冷运的优势、劣势、机会、威胁

公司	S	W	O	T
顺丰冷运				

步骤二：尝试为顺丰冷运绘制 SWOT 矩阵图

把分析结果列举出来，依照矩阵形式排列，把各种因素相互匹配起来加以分析。SWOT矩阵图如图2-8所示。

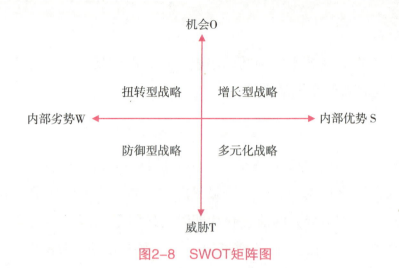

图2-8 SWOT矩阵图

步骤三：讨论顺丰冷运采用的策略（表2-4）

表2-4 SWOT 策略选择

SWOT评价结果	物流营销战略条件	物流营销战略选择	物流营销策略
优势＋机会（SO）	当内部和外部机会相互一致并相互适应时，就会产生杠杆效应	增长型战略	公司可以利用内部优势来抓住外部机会，并充分整合机遇和优势、占领市场、领导同行、增强实力
优势＋威胁（ST）	当环境条件对公司的优势构成威胁时，这些优势将无法充分发挥	多元化战略	公司需要利用内部优势，回避外部威胁，集中优势、果断还击、提高份额
劣势＋机会（WO）	当环境提供的机会不适合物流公司的内部资源优势时，企业的优势将不再得到体现	扭转型战略	公司需要提供并添加某些资源，尽力利用外部机会，克服内部弱点、速战速决、抓住机会
劣势＋威胁（WT）	当公司的内部弱点和公司的外部威胁相遇时，公司将面临严峻的挑战	防御型战略	公司需要减少内部弱点，回避外部威胁，降低费用、急流勇退、占领角落市场

企业面对时时变化的市场环境，根据经营目标，常常采用增长型战略、多元化战略、扭转型战略、防御型战略。通过分析案例讨论顺丰冷运的战略类型。

步骤四：学生讲解，教师点评

选出一名代表讲解本组的讨论结果，教师对每组学生的完成情况进行点评。

任务评价

任务评价表

考评内容	能力评价						
	具体内容	工资/元				学生认定（40%）	教师认定（60%）
		笔记（20%）	作业（20%）	实训（40%）	测试（20%）		
考评标准	运用SWOT法查找信息	2 000					
	找出优势、劣势、威胁和机会相关的内容	3 000					
	绘制SWOT矩阵图	2 000					
	分析并为公司制订行动计划	2 000					
	能够清楚准确地展示讨论结果	1 000					
	合计	10 000					
各组成绩							
小组	工资/元		小组	工资/元		小组	工资/元
教师记录、点评：							

　　备注：任务考核采用模拟企业工资绩效，用企业绩效管理模式来管理并考核学生的学习过程，实施过程性考核。工资以人民币计算，每100元折合为1分，计算总分时小数点后保留一位数字。

■ 项目拓展

一、单选题

1.与企业紧密相联，直接影响企业营销能力的各种参与者，被称为（　　）。

A.营销环境　　　　　　　　　　　　　　B.宏观营销环境

C.微观营销环境　　　　　　　　　　　　D.营销组合

2.（　　）是向企业及其竞争者提供生产经营所需资源的企业或个人。

A.供应商　　　　　　B.中间商　　　　　　C.广告商　　　　　　D.经销商

3.在物流营销环境中不利于物流企业营销的因素和发展趋势是指（　　）。

A.环境威胁　　　　　B.市场机会　　　　　C.竞争者　　　　　　D.消费者

二、多选题

1.下列属于物流市场营销微观环境的有（　　）。

A.营销中介　　　　　B.政府公众　　　　　C.人口环境　　　　　D.经济环境

2.以下属于宏观营销环境的有（　　）。

A.公众　　　　　　　B.人口环境　　　　　C.经济环境

D.营销渠道企业　　　E.政治法律环境

3.以下属于SWOT战略的有（　　）。

A.SO　　　　　　　　B.SW　　　　　　　　C.WO　　　　　　　　D.WT

4.以下属于物流企业面对的公众有（　　）。

A.融资公众　　　　　B.社区公众　　　　　C.中间商公众

D.企业内部公众　　　E.社团公众

三、简答题

1.简述物流市场营销环境的概念和特征。

2.简述物流市场营销环境的构成。

3.简述SWOT分析法的含义、步骤和过程。

4.简述矩阵图分析法。

项目三
开展物流市场调研

项目简介

　　营销的宗旨是发现需求并满足需求，有效的市场调研是满足需求的必备前提条件。物流市场调研是物流市场营销的前提和基础，它的有效成果是管理决策的重要依据。充分的物流市场调查研究、分析和预测是物流企业洞察物流市场状况、进行科学化决策的有效保障。随着大数据时代的发展，可以确定的是未来的物流市场调研无论是在质量上还是在数量上，都会有极大的提高。大数据时代的市场调研也将优于传统的市场调研，从数据采集到调研结果都为企业提供了有力的保障。

学习目标

【知识目标】

（1）掌握物流市场调研的概念和作用，物流市场调研的流程及方法；

（2）掌握物流市场调研问卷的设计方法及格式，物流市场调研问卷问题的设计原则；

（3）掌握物流市场调研报告的概念及内容，物流市场调研报告的流程及要求。

【能力目标】

（1）能够根据实际情况选择合适的调研方法、制定调研方案；

（2）能够根据物流市场的变化及时进行市场调研，并根据调研目的设置合理的问卷内容；

（3）能够有效发放并回收问卷，撰写调研报告，并明确给出调研结论。

【素养目标】

（1）坚持可持续发展理念，树立实事求是、求真务实的职业理念，以物流客户为中心的服务理念；

（2）养成正确的职业道德观、正确的人生观和价值观，争做有理想、敢担当、能吃苦、肯奋斗的新时代好青年；

（3）培养团队合作能力，以及对市场的敏锐触觉，具备创新实践能力和独立思考解决问题的能力。

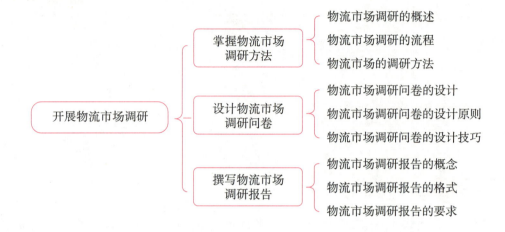

知识框图

开展物流市场调研
- 掌握物流市场调研方法
  - 物流市场调研的概述
  - 物流市场调研的流程
  - 物流市场的调研方法
- 设计物流市场调研问卷
  - 物流市场调研问卷的设计
  - 物流市场调研问卷的设计原则
  - 物流市场调研问卷的设计技巧
- 撰写物流市场调研报告
  - 物流市场调研报告的概念
  - 物流市场调研报告的格式
  - 物流市场调研报告的要求

任务一　掌握物流市场调研方法

案例导入

程远物流公司用三年时间使物流成本降低近一半。成功的原因在于：力在求深、求细、求准、求效上下功夫，通过充分的、扎实的市场调研，发现问题，解决问题，采用了与企业深度介入物流运输环节不同的配送方式，配送环节全部外包。根据不同地域、不同国家的环境分析和人群习惯分析，采取根据地区特点来选择外包公司的方式，同时大规模建设"物流中心"，用物流中心聚合订单需求，以对接大型物流企业，发挥规模效应。

结合案例，思考问题：

1.什么是物流市场调研？物流市场调研有哪些作用？有哪些调研方法？调研工作流程可以分为几步？

2.调查研究是优良工作作风的传家宝。"没有调查，就没有发言权"，谈谈你对这句话的理解。作为市场调查人员需要具备哪些职业素养？

任务描述

只有充分了解市场，才能真正满足市场需求，才能充分地利用市场。对于物流行业来说，环境的改变，政策的调整，适用人群的转变都会给物流企业带来不同程度的影响，满足物流客户的需求，应对市场的变迁，物流企业要依据什么来做出重要决策呢？本任务主要学习物流市场调研的概念、作用、流程、方法。

市场调研

知识准备

一、物流市场调研的概述

1.物流市场调研的概念

物流市场调研指的是运用科学的方法，系统地收集、整理、记录和分析物流市场的信息，充分了解该市场的现状及需求，以预测其发展趋势，实现物流企业战略目标的整个过程。

物流市场调研是物流企业营销的基础，科学充分的市场调查更是物流企业获得利润的根本保证。因此，系统地掌握物流市场调查体系及其过程至关重要。

资料卡片

当今的商业环境发生了巨变，企业与客户之间的关系也发生了微妙的变化，具体表现为：企业对大客户的争夺加剧，客户因有了更多的话语权而变得更加挑剔，因而企业努力寻求新渠道，以吸引和服务这些挑剔的客户。在此背景下，以客户需求、客户满意、客户服务管理建设数据仓库为特色，以建立客户统一整体视图、提供统一准确的客户信息等为重要目标的集成化CRM（客户关系管理）应运而生。集成化CRM成功的关键是通过不同的调研方式方法及渠道，从各种面向客户的系统中获取准确、一致的客户信息，再通过各种先进的数据分析方法从中挖掘更多有价值的信息，为企业决策和行动提供依据。

以集成化CRM为前提的客户分析，能帮助企业测定客户生命周期价值，并根据每个客户的价值大小来制定相应的客户保留方案。对于重点客户企业可以根据其偏好，确定维持并强化客户关系的策略。从账单、电子邮件、企业黄页、语音邮件、邮递信件和电话销售等各种接触点中选择最适合的方式进行调研，与客户及时联系，最终保留这些目标客户。在集成化CRM和客户调研数据分析的辅助下，企业可以随时针对目标客户调整行动，并为保留这些客户制定优化方案，真正实现在正确的时间，为正确的客户以正确的价格和销售渠道，提供正确的产品或服务的目标。在客户需求导向的激烈市场竞争中，集成化CRM和客户调研数据分析无疑是企业的制胜武器。

2.物流市场调研的作用

（1）物流市场调研是企业了解市场动态的窗口。

市场调研有利于物流企业掌握市场动态、供求关系，了解客流、货源的构成变化规律及市场最新发展趋势，同时有助于物流企业及时发现物流客户的需求。

（2）为物流企业制定战略规划提供信息支撑，为制定营销组合策略提供有力的依据。

现代物流企业管理的中心在经营，经营的重点在于营销策略的制定，只有通过有效的市场调研，收集各类有用的信息，并对信息加以全面分析，企业制定的战略规划才能切合实际。

例如，调研数据显示（图3-1），对于各营运车辆的货源变化，认为货源减少、订单不足的情况占绝大部分，有超过81%的比例认为当前货源有所减少。

图3-1　营运客户各营运车辆货源分布

（3）增强物流企业的竞争力，提高其经济效益。

物流企业在市场竞争中想要获得更加稳定的、持续的收益，就要从市场调查报告中获取准确的信息，明确自身所处的位置，及时做出调整。

（4）了解物流企业竞争对手及物流企业营销环境的情况。

根据竞争对手的产品和策略的变化以及企业营销环境的改变，对市场的变化趋势进行预测，从而可以提前对物流企业的应变做出计划和安排，充分地利用市场的变化，从中谋求物流企业的利益。

例如，通过数据分析了解省际快递行业双十一时效性对比情况，如图3-2所示。

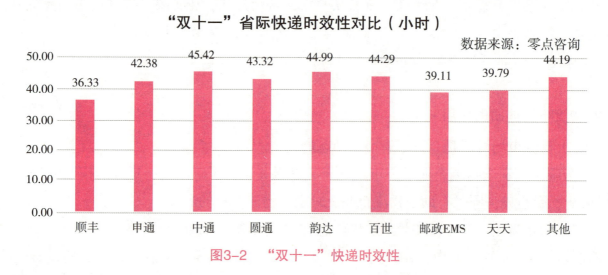

图3-2　"双十一"快递时效性

二、物流市场调研的流程

物流市场调研的流程，大致可以分为四个阶段，如图3-3所示。

图3-3　物流市场调研流程

1. 明确物流市场调研的目的和内容

物流市场调研的第一步就是明确调研目的和内容，即明确为什么要进行此项调研，调研的内容包括哪些，调研中要解决哪些问题，通过调研取得什么样的资料，取得的资料有什么用途。

（1）确定调研目的。

物流市场调研的目的一般可以分成四类：探索性调研、描述性调研、因果性调研、预测性调研。

探究活动

请想一想，探索性调研、描述性调研、因果性调研、预测性调研分别适用于什么情况呢？

探索性调研：收集初步资料来帮助决策者认识和理解所面对的问题，主要是为了发现问题或者寻找市场机会，为进一步的调查活动做准备。

描述性调研：收集和记录各种资料数据来描述和反映物流市场的客观情况，如产品的消费群结构、客户的满意度、竞争对手的状况等。

因果性调研：检验某种假设或某一问题现象的因果关系，如物流企业产品或服务的价格水平上涨10%会不会对消费者的购买需求有明显的影响。

预测性调研：是指对未来可能出现的市场行情的变动趋势进行的调研。

（2）确定调研内容。

物流市场的内容主要包括：物流客户需求调研、物流市场供给调研、物流市场环境调研、物流市场营销状况调研以及物流市场服务调研。

物流客户需求调研主要包括物流市场需求量、需求结构和需求时间的调研。

物流市场供给调研主要包括物流市场供给总量、供给结构和供给时间的调研。

物流市场环境调研主要包括政治法律环境、经济与技术环境和社会文化环境的调研。

物流市场营销状况调研主要包括物流产品调研、销售渠道调研、促销调研以及竞争对手调研。

物流市场服务调研主要包括物流企业客户使用过程中的体验及客户满意度的调研。

2. 制定物流市场调研方案

凡事预则立，不预则废。因此，在明确调研目的和内容之后，要制定一份详实的调研方案。一份完善的市场调研方案应包括以下几个方面：

（1）调研目的。

界定调研问题和调研的目标。

（2）调研内容。

把调研目标具体化，明确为达成目标需要搜集的具体信息。

（3）调研对象。

确定需搜集的信息由谁来提供，也就是调研人员需要调查的对象。

（4）调研范围。

明确了调研对象后，要确定调研的范围，根据调研范围进一步选定调研的方法。调研的范围也取决于物流企业或委托调研公司的实际情况。根据调研对象的范围，可以分为全面调查和抽样调查。

（5）调研方法。

在调研计划里还要规定采取什么样的调研方法来获取调研资料。资料可以来源于图书馆、政府统计部门等，也可以通过问卷调查法、观察法等。

（6）调研的时间和期限。

调研人员需要对调研所需要的时间进行限定，并将其写入调研计划。所限定的时间要考虑到调研工作各个环节时间的具体安排。要统一定时定点，具体细致。

（7）调研经费预算。

调研工作过程中会产生交通费、培训费等调研费用，这些费用都应在调研活动开始前进行估算并提交给主管审核。

3. 收集、整理、分析调研数据信息

调研人员这一阶段的主要任务是把调研计划付诸行动，并对收集的数据做必要的筛选，查漏补缺，同时剔除和纠正数据，并进行统计分析。

调查人员收集的信息资料分为两类：第一手资料和第二手资料。第一手资料，也称原始资料，指的是从对调查对象进行实地调查直接得到的各种数据、图文、音像等资料；第二手资料也称现成资料，是从实地调查以外获取的各种数据、图文、音像等资料。

4. 数据解释和撰写调研报告

通过市场调研搜集到的资料往往是凌乱的、分散的，甚至带有片面性或虚假性，这就需要对这些资料进行去粗取精、去伪存真、由表及里、由此及彼地进行加工整理和分析，以揭示调查对象的总体特征及变化发展过程等。

物流调研人员要对数据结果做出解释，完成调研报告，报告应言之有物，有理有据。

三、物流市场调研的方法

1. 按调查对象划分

（1）全面调查。

全面调查是指对调查对象总体所包含的全部个体都进行调查。调查的数据全面，效果明显，由于需要耗费大量的人力、物力，只适合小范围内的调研。

（2）重点调查。

重点调查是以总体中有代表性的物流企业或物流客户作为调查对象，进而推断出一般结论。

（3）抽样调查。

抽样调查是指从全体对象里抽取一部分具有代表性的个体作为样本进行调查，从而推断出整体特征。抽样调查分为随机抽样和非随机抽样两种。

①随机抽样，是指随机抽取个体作为调研样本的抽样方法。

资料卡片

随机抽样有以下几种常用方法。

（1）简单随机抽样，是指从总体中逐一抽取样本的抽样方法。

（2）系统抽样，是指将单个个体按照一定间隔被随机抽取的抽样方法。

（3）分层随机抽样法，根据调查对象的特性进行分类，从每一类中随机抽取的抽样方法。

（4）分群随机抽样法，适合被调查企业或者对象地域分布比较广的情况下。

②非随机抽样，是指调研人员根据主观选择调研样本的抽样方法。

资料卡片

非随机抽样有以下几种常用方法。

（1）任意抽样，是指调研人员按照随意原则抽取样本的方法。

（2）判断抽样，是指调研人员根据经验从被调查对象中抽取最具代表性的个体作为样本进行调查的方法。

（3）配额抽样法，是指将被调查对象按一定特征进行分组来确定各分组的样本数额，并在配额类进行任意抽样的抽样方法。

2. 按调查对象所采用的方法

（1）电话访问法：由物流企业内部客服代表或者第三方调查公司人员通过电话对客户进行有条理的访问。

（2）问卷调查法：将问卷由访问员交给被访问者，说明回答方法后，由被访者自行填写，并由访问员收回。用问卷进行测试，可随调查意图自由设计。

（3）谈话法：当面听取被调查者的意见，并观察其反应的调查方法。

（4）观察法：分为顾客动作观察、流通量观察。前者针对顾客，后者针对物品，共同点是都需要用仪器记录和由调查员记录。

（5）实验法：在某一特定地区和时间内，先进行一次推销方式的小规模实验，然后用市场调查方法收集资料。

（6）网络调查法：它有两种方式，一种是利用互联网直接进行问卷调查等方式收集一手资料，一般称为网络直接调查；另一种是利用互联网的媒体功能，从互联网收集二手资料，一般称为网络间接调查。

任务实施

根据班级人数将学生分成若干实训活动小组，每组设组长一名，负责安排、协调、督促小组完成实训任务，同时做好实训活动记录。

活动　制定物流市场调研方案

【设置情景】小张毕业后应聘到西安××调研公司工作。最近，他负责一项调研西安市物流快递行业市场情况的工作，为了完成调研任务，他制定了一份调研方案。

步骤一：学习物流市场调研方案的格式

一份完整的调研方案包括标题、目的、人员、对象、时间、内容、方法、费用。

步骤二：利用互联网查找物流市场调研方案的范文

步骤三：制定物流市场调研方案

（关于）物流快递行业市场调研方案

1. 调研目的

此次调研主要是了解西安市物流快递公司的发展现状，了解公司在发展中遇到的瓶颈和问题，为有关政府部门制定西安市中长期物流战略发展规划提供一定的支持和依据。

2. 调研对象

三通一达、顺丰速运等几家物流快递业的龙头企业作为我们此次调研的主要对象。

3. 调研时间

×年×月×日至×年×月×日。

4. 调研内容

（1）企业自身背景。企业名称、性质（国有、民营、外资、其他）、企业员工总数、注册资本、拥有网点数、年完成货运量等。

（2）企业物流模式。弄清被调研企业的物流模式，是自营式物流还是外包式物流，或是部分外包的模式。

（3）目前，企业最需要政府加以统一的相关标准，并按照重要程度进行排序，比如多式联运衔接标准、运单标准、车辆标准（牵引车挂车标准）和信息标准等其他标准。

（4）企业迫切需要政府消除的政策障碍，比如消除区域行政壁垒（异地设点歧视），打破企业歧视（国有、民营、内资、外资），税收政策调整，物流用地调整等。

5. 调查方法

（1）问卷调查：传统的纸质问卷和现代化的网络问卷相结合。

（2）访谈调查：进入企业对企业人员进行深度访谈。

6. 调研人员

×××小组。

7. 调研经费

人工××元，耗材××元，共计×××元。

西安××调研公司

2023年8月6日

任务评价

任务评价表

考评内容	能力评价						
	具体内容	工资/元				学生认定（40%）	教师认定（60%）
		笔记（20%）	作业（20%）	实训（40%）	测试（20%）		
考评标准	市场调研的概念	2 000					
	市场调研的流程	3 000					
考评标准	制定调研方案	3 000					
	调研目的和内容	2 000					

续表

考评内容	能力评价		
合计	10 000		
各组成绩			

小组	工资/元	小组	工资/元	小组	工资/元

教师记录、点评：

　　备注：任务考核采用模拟企业工资绩效，用企业绩效管理模式来管理并考核学生的学习过程，实施过程性考核。工资以人民币计算，每100元折合为1分，计算总分时小数点后保留一位数字。

任务二　设计物流市场调研问卷

案例导入

　　青岛多家快递公司计划推出无接触快递配送和接收项目，各个快递公司分别进行了市场调研活动。

　　青岛银通快递公司进行了历时15天的市场调研，面向居民生活区、学校、商业区、办公区等12处快递主要流通区域发放15 000份调查问卷，回收14 988份，受访者十分配合，通过调研得出结论：无接触配送可接受程度良好，可以推出。

　　青岛百世物流公司经过3天的市场调研，面向公司附近的小区发出5 000份调查问卷，回收2 390份，多次受到受访者的拒绝，通过调研得出结论：无接触配送不被居民接受，不能推出。

　　同一城市，同样的调研目的，为何得出的结论却是天壤之别？错误的结论往往影响调研的结论和企业的决策，正确有效的调研要统筹安排，合理确定调研时间、地点，防止扎堆调研、多头调研、重复调研。

结合案例，思考问题：

1.什么是调研问卷？其内容和格式是什么？如何设计出受访者欢迎，并且能够获得有效数据的物流市场调研问卷？

2.调研工作人员应具备哪些职业素养？如何成为一名合格的调研员？

任务描述

调研问卷是搜集原始数据最常用的工具。想要搜集到客观、有效并且能被物流企业制定决策所应用的数据，调研问卷的设计就至关重要。本任务主要学习物流市场调研问卷的概念、设计、原则。

知识准备

问卷调查法

一、物流市场调研问卷的设计

1. 调研问卷

问卷调查法是指调查者运用统一设计的问卷向被选取的调查对象了解情况或征询意见的调查方法。

问卷调查法按照问卷填答者的不同，可分为自填式问卷调查和代填式问卷调查。

资料卡片

物流市场调研过程中，根据资料的来源，可以把研究方法分为原始数据研究方法和二手数据研究方法。

1. 原始数据研究

原始数据研究又称一手数据研究，根据是否可以量化，原始数据研究又分为定性研究和定量研究。

（1）定性研究。

①焦点座谈会；

②深度访谈；

③观察法。

（2）定量研究。

①电话访问；

②邮寄访问；

③面访问卷调查；

④网上问卷调查。

2. 二手数据研究

二手数据研究已经是整理好的数据，用起来更方便。

（1）文献调查法。

（2）专家意见预测法。

2. 调研问卷的设计

问卷结构：问卷一般都有开头、正文和结尾三个部分。

（1）开头。

开头主要包括标题、问候语、填表说明和问卷编号。

标题大致分为两种，一种是规范化的标题格式；另一种是自由式标题。

探究活动

请想一想，规范化标题和自由式标题有什么区别？

规范化标题："关于×××的调研""×××关于×××××的调研""×××××调研"；自由式标题："××××大学硕士研究生毕业情况调研""高效发展重在学科建设——×××大学学科建设实践调研"

问候语应亲切、诚恳、有礼貌，并说明调查目的、调查者身份、保密原则以及奖励措施，以消除被调查者的疑虑，激发他们的参与意识。

填表说明主要在于规范和帮助受访者对问卷的回答，可以集中放在问卷前面，也可以分散放到各有关问题之前。

问卷编号是指问卷顺序号。

关于物流货运费用的调查问卷

问卷编号：_____

尊敬的女士/先生：

您好！我是中远货运集团的访问员，现在我们正在进行一项关于货运费用的市场调研，您被选中为访问对象，耽误您一些宝贵的时间，多谢您的支持与配合！我公司将严格遵照行业操守，保证您所填的资料之用于此项研究工作，而不用于其他的任何商业用途，同时严格保密！

（2）正文。

一般包括资料搜集、被调查者的基本情况两个部分。

资料搜集部分是问卷的主体，也是使用问卷的目的所在。其内容主要包括调查所要了解的问题和备选答案。这部分内容是问卷设计的重点。

被调查者的有关背景资料也是问卷正文的重要内容之一。被调查者往往对这部分问题比较敏感，但这些问题与研究目的密切相关，必不可少。例如，个人的年龄、性别、文化程度、职业、职务、收入等，家庭的类型、人口数、经济情况等，单位的性质、规模、行业、所在地等，具体内容要依据调查者先期的分析设计而定。

问卷中的问题可以分为两大类：封闭式问题和开放式问题。

封闭式问题：问题的答案已经设定好，根据自己的实际情况填写即可。

例如，您每月接受快递的次数？（　　）

A.1～3次　　　　　　B.4～8次　　　　　　C.9～15次　　　　　　D.15次以上

开放式问题：被调查者可以自由回答，问题答案不受限制。

例如，请问您对顺丰速运的上门取件服务有哪些意见或者建议？

（3）结尾。

问卷一般以感谢语结束，也可以作为其他补充说明。可以设置开放题，征询被调查者的意见、感受，或是记录调查情况。

例如，请问您对商城的服务有哪些意见或者建议？

_____。

访问到此结束，再次感谢您的配合，祝您生活愉快！

二、物流市场调研问卷的设计原则

1. 目的性原则

调研问卷的主要目的是提供管理决策所需的信息。问卷设计必须从实际出发拟题，切实做到问题目的明确、重点突出，杜绝出现可有可无的问题。

2. 可接受原则

设计问卷时不仅要考虑主题和被调查者类型，还要考虑访谈环境和问卷长度。问卷尽量避免使用专业术语，一般应使用简单用语表述问题。

3. 顺序性原则

问题的排列应有一定的顺序，符合被调查者的思维程序。一般是先易后难、先简后繁、先具体后抽象。

4. 简明性原则

问卷的问题要清晰明确，不能有歧义，没有语病，便于回答。一般问卷填写应控制在20分钟之内。

5. 匹配性原则

匹配性原则是指要使问卷调查的结果便于检查、处理和分析，就要求问卷设计达到标准化要求，数据和资料在时间、空间和内容上具有可比性。

三、物流市场调研问卷的设计技巧

1. 问题设计技巧

（1）问题设计要简洁。

问题要通俗易懂，不要出现冗长的问题。

（2）问题设计要清晰。

提问坚持6W2H原则：Who（谁）、Where（哪里）、When（何时）、Why（为什么）、What（什么事）、Which（哪一个）、How（如何）、How Much（多少）。

（3）避免问题具有倾向性、诱导性。

例如，我们的快递员服务态度非常好，您对快递员的服务满意吗？这样的问题具有明显的诱导性，是不符合问题设计原则的。

（4）问题设计中一个问题只包含一项内容。

例如，您对中通快递的费用和时效是否满意？这个问题中要求答题者回答两项内容，这就不符合问卷设计的原则。

（5）避免出现否定式的问题。

例如，您对我们公司的货运费用不满意吗？这样的问题过于主观，不符合问题设计原则。

（6）问题中不能使用专门术语。

问卷中的提问用词必须与被调查者的知识能力相当，避免使用过于专业化的词语，确保通俗易懂。

（7）问题要反映企业决策的思想。

问题设计要贴合调研的目的和内容，这样才能使搜集到的数据客观有效，为企业决策所用。

2. 答案设计技巧

（1）答案之间不能出现重叠或包含关系；

（2）单选题要将所有答案尽可能地列出；

（3）多选题答案不宜过多，一般不超过9个；

（4）敏感性问题答案设计要慎重。

任务实施

根据班级人数将学生分成若干实训活动小组，每组设组长一名，负责安排、协调、督促小组完成实训任务，同时做好实训活动记录。

活动　设计物流市场调研问卷

【设置情景】小张是×××学校物流专业的企业导师，负责指导物流专业学生的企业实践工作。每年在实习期内，他都会带领学生进行一次市场调研活动。

步骤一：学习物流市场调研问卷的格式

一份完整的物流市场调研问卷包括开头、正文和结尾三个部分。

步骤二：利用互联网查找物流市场调研问卷

步骤三：设计物流市场调研问卷

物流市场调研问卷

尊敬的女士/先生：

您好！我们是来自××学校物流专业的学生，为了了解物流企业经营状况，请您如实填写本调查问卷。感谢您愿意抽出宝贵的时间完成本调查问卷。我们会严格遵照行业操守，保证您所填的资料只用于此项研究工作，而不用于其他的任何商业用途，同时严格保密！

（一）所在单位的详细名称：＿＿＿＿＿＿＿＿＿＿＿＿＿＿＿＿＿＿＿＿＿

（二）单选题

（1）物流公司所在地区（　　　）。

A.城市　　　　　　B.城镇　　　　　　　C.乡村

（2）贵公司的员工人数（　　　）。

A.10人以下　　　B.10～50人　　　　C.50～100人　　　　D.100人以上

（3）贵公司涉足物流行业的时间（　　　）。

A.1年以下　　　B.1～2年　　　　　C.2～5年　　　　　D.5年以上

（4）贵公司的主营业务是（　　　）。

A.运输服务　　　B.货运代理服务　　　C.仓储服务　　　　D.配送服务　　　　E.其他

（5）贵公司去年营业额是（　　　）。

A.500万以下　　　B.500～1 000万　　　C.1 000～5 000万　　　D.5 000万以上

（6）基层员工的平均年收入是（　　）。

A.5 000元及以下　　　　　　　　　　　B.5 000～10 000元

C.10 000～15 000元　　　　　　　　　　D.15 000元以上

（三）多选题

（1）企业的物流信息系统可以实现的功能包括（　　）。

A.运输管理　　　　B.仓储管理　　　　C.财务管理　　　　D.设备管理

E.订单处理　　　　F.配送管理　　　　G.销售管理　　　　H.采购管理

I.装配和包装管理　　J.车辆监控

（2）企业采用的物流信息技术与设备包括（　　）。

A.EOS系统（电子自动订货系统）　　　　B.条形码技术　　　　C.ASS自动分拣系统

D.EDI系统（电子数据交换系统）　　　　E.GPS全球卫星定位系统与GIS地理信息系统

（四）您对物流行业发展前景的看法如何？

再次感谢您的耐心解答！

单位负责人签名：

单位盖章：

2023年×月×日

活动二　实施物流市场调研活动

步骤一：做好市场调研前的准备工作

（1）教师向学校相关部门提交调研申请，与调研场所的负责人沟通确定调研事宜，调研申请表如表3-1所示，学生集体外出活动登记表如表3-2所示。

表 3-1　调研申请表

调研班级：		带队教师：	
调研日期：		参加人数：	
申请理由			
系主任审批			签名： 　年　　月　　日
教务处长审批			签名： 　年　　月　　日

表 3-2　学生集体外出活动登记表

专业		班级		参加人数	
活动时间	月　　日　　时　　——　　月　　日　　时			活动地点	
活动内容				交通工具	
集体外出安全警示	因工作需要，需带学生集体离校外出，已对学生进行相关安全教育，负责外出学生的生命财产安全，确保学生安全。 　　　　班主任：　　　　　　　　　　　　　　　　　带队教师：				
系主任意见					签章：
学工部意见					签章：
治安干事备注					签章：
特别提示	1. 系主任为活动安全第一责任人； 2. 切实做好学生外出的安全教育工作； 3. 此表由活动组织者填写，并全程负责学生外出安全。				

（2）教师讲解调研注意事项，学生在"外出调研安全承诺书"（表3-3）上签字。

表 3-3　外出调研安全承诺书

外出调研安全承诺书

为提高学生的实践能力，特安排本次校外调研活动，为保障调研过程中人身安全，参与调研学生要严格遵守以下规定：

1. 注意交通安全，骑车或行走时遵守交通规则，不闯红灯，不占机动车道；
2. 听从带队教师及组长安排，准时集合；
3. 外出需携带学生证，保管好个人物品；
4. 调研人员至少两人为组，并在规定的时间、地点范围内活动，严禁私自离队，严禁做与调研无关的事情；
5. 调研过程中注意礼貌，严禁滋事；
6. 手机保持畅通，及时与教师、组长或其他同学保持联系；
7. 保质保量完成教师安排的实训任务。

以上条款，请同学们务必认真执行，如果违反，后果自负。

学生签字：

年　　　月　　　日

（3）印制调研问卷。

根据需要，打印调研问卷并发放给学生。

步骤二：实施物流市场调研

（1）教师时刻和各组组长保持联络，及时解决学生调研过程中发生的问题。

（2）各组组长带领组员进行市场调研，完成调研问卷。

步骤三：回收调研问卷

完成调研任务后，小组组长及时收回所有问卷，交流调研感受。

步骤四：整理分析调研数据信息

（1）对调查的各种原始资料进行审核，去粗取精、去伪存真，剔除无效问卷，保留有效问卷。

（2）对调查问卷信息（包括调查问题和答案）进行编码、录入、分类、汇总。

（3）用Excel等数据分析软件对收集来的数据进行分析，形成调查结论。

步骤五：教师总结本次调研活动

任务评价

任务评价表

考评内容	能力评价						
	具体内容	工资/元				学生认定（40%）	教师认定（60%）
		笔记（20%）	作业（20%）	实训（40%）	测试（20%）		
考评标准	市场调研问卷格式	2 000					
	设计市场调研问卷	3 000					
	设计调研问卷技巧	3 000					
	实施市场调研活动	2 000					
	合计	10 000					
各组成绩							
小组	工资/元	小组	工资/元		小组	工资/元	

续表

考评内容	能力评价			
教师记录、点评：				

备注：任务考核采用模拟企业工资绩效，用企业绩效管理模式来管理并考核学生的学习过程，实施过程性考核。工资以人民币计算，每100元折合为1分，计算总分时小数点后保留一位数字。

任务三　撰写物流市场调研报告

案例导入

随着市场的不断变化，销售方式也日益多元化。青岛啤酒招商物流有限公司针对啤酒销售和配送开展了一次大规模的市场调研。通过调研并结合各个区域提交的调研报告，青岛啤酒招商物流有限公司确定了啤酒的"总鲜度管理"，以把最新鲜的啤酒以最快的速度、最低的成本让消费者品尝为目标。为了实施鲜度管理方案，公司整体调整了管理体制，将青岛啤酒运往外地的速度提高30%以上，山东省内300千米以内区域的消费者都能喝到当天的啤酒，300千米以外区域的消费者也能喝到出厂一天的啤酒，而原来喝到青岛啤酒需要3天左右。通过此次改革，青岛啤酒一跃成为中国啤酒领导品牌，市场占有率超过60%。这正是中国速度的体现，用速度跑出风采，用实干创造辉煌。

结合案例，思考问题：

1.什么是市场调研报告？市场调研报告能对企业起到哪些作用？

2.如何看待调研报告要求"调研报告力求客观真实、实事求是"这个观点？如何养成求真务实的优秀品质？

任务描述

调研报告是整个市场调研过程中的重要部分，对接下来的市场细分起到了决定性的作用，因而其数据的真实性、准确性很重要，对数据结果要认真讨论和复核。本任务主要学习物流市场调研报告的概念、格式、要求。

知识准备

市场调研报告

一、物流市场调研报告的概念

物流市场调研报告是指对某一情况或者问题进行调研后，了解情况，得到数据结果及问题的本质和规律等，并提供调研结论和建议，通过书面形式展现出来，为物流企业之后的决策提供有力的支撑和依据。

物流市场调研报告是整个物流调查工作，包括物流调研计划及实施、物流信息的收集及整理等一系列工作过程的总结，是物流市场调研过程中最重要的部分，也是市场调研的终点。

二、物流市场调研报告的格式

1. 标题

物流市场调研报告的标题即物流市场调研的题目。标题必须准确揭示调研报告的主题思想。标题要简单明了、高度概括、题文相符。

探究活动

请试一试，为××物流公司编写合适的市场调研报告标题。

例如，"××市物流市场调研报告""我国第三方物流调研报告"等。这些标题都很简明，能吸引人。

2. 目录

如果调查报告的内容、页数较多，为了方便读者阅读，应当使用目录或索引形式列出报告所分的主要章节和附录，并注明标题、有关章节号码及页码，一般来说，目录的篇幅不宜超过一页。

3.导言

导言是市场调研报告的开头部分，包括调研目的、调研对象和调研内容、调研方法。

（1）调研目的。即简要地说明调查的由来和委托调查的原因。

（2）调研对象和调研内容，包括调查时间、地点、对象、范围、调查要点及所要解答的问题。

（3）调研方法。介绍调查研究的方法，有助于使人确信调查结果的可靠性，因此对所用方法要进行简短叙述，并说明选用方法的原因。

4.主体部分

这是市场调研报告中的主要内容，是表现调研报告主题的重要部分。这一部分的写作水平直接决定调研报告的质量高低和作用大小。主体部分要客观全面阐述市场调研所获得的材料和数据，准确阐明有关论据、论证的全部过程，分析研究问题的方法以及得出有关结论，对有些问题及现象要做深入分析、评论等。

5.结尾

这部分主要是形成市场调研的基本结论，是对正文主要内容的总结，并提出如何利用已经证明的有效措施和解决某一具体问题可供选择的方案和建议。结论和建议与正文部分的论述要紧密对应，不可以提出无证据的结论，也不要进行没有结论性意见的论证。

6.附件

附件是指调研报告正文包含不了或没有提及，但与正文有关必须附加说明的部分。附录的内容一般是有关调研的统计图表、有关材料的出处、参考文献等。

三、物流市场调研报告的要求

1.调研报告要突出市场调查的目的

调研报告，必须目的明确，有的放矢，任何市场调查都是为了解决某一问题，或者为了说明某一问题，市场调查报告必须围绕市场调查上述目的来进行论述。

2.调研报告力求客观真实、实事求是

调研报告必须符合客观实际，引用的材料、数据必须是真实可靠的，反对弄虚作假，要用事实来说话。

3.调研报告要做到调查资料和观点相统一

调研报告是以调查资料为依据的。在撰写过程中，要善于用资料说明观点，用观点概括资料，二者相互统一，切忌调查资料与观点相分离。

4. 调研报告的语言要简明、准确、易懂

调研报告不要用冗长、乏味、呆板的语言，也不要用调研的专业术语，要力求简单、准确、通俗易懂。

物流市场调研报告的要求，如图3-4所示。

图3-4　物流市场调研报告的要求

任务实施

根据班级人数将学生分成若干实训活动小组，每组设组长一名，负责安排、协调、督促小组完成实训任务，同时做好实训活动记录。

活动　撰写物流市场调研报告

【设置情景】在完成任务二中的市场调研活动后，根据调研情况撰写物流市场调研报告。

步骤一：调研数据整理与分析

（1）各小组获取第一手调研资料后，对资料进行审查和核实，决定是否采用这份调研资料。

（2）对审核过的各种原始资料进行编码、录入、分类和汇总。

（3）运用Excel数据分析软件进行数据的描述性统计。

步骤二：学习调研报告的写作格式

调研报告的格式包括标题、目录、导言、主体部分、结尾、附件。

步骤三：撰写调研报告

（关于）物流运输行业调研报告

2017年以来，公路物流运价指数呈下行调整态势，物流运输作为社会流通体系的基础，面临着较大挑战，行业市场结构、运行效率等方面也出现了新的变化，尤其在2021年7月1日之后，国六排放标准将全面实施，客户面临着运费下降、车辆成本增加、二手车贬值率增高等多方面的压力。为了解当前物流运输行业受宏观经济影响程度、当前及未来市场景气度，进一步了解客户对于商用车金融服务的需求，×××采用问卷调查法，针对商用车客户群体组织开展了2022年半年物流运输行业的调查，经过对调查数据进行整理、汇总及分析，形成了调研报告如下：

1. 调研概况

6月初，一汽金融对商用车客户展开关于物流运输行业运行现状的调研，此次调研累计收回5 461份业内人士的反馈，涉及30个省级行政区。来自终端运营客户的样本为2 170份，占比39.73%；车队客户样本为3 291份，占比60.26%。河北、河南、山西、安徽、江西5个省份，累计占比53%；占比不足2%的区域有12个，累计占比11%，其他省份累计占比36%。样本分布结构如图3-5所示。

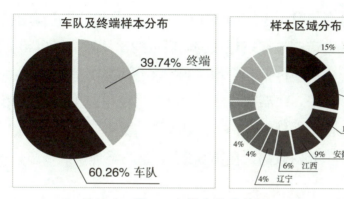

图3-5　样本分布结构

2. 基本情况调研

（1）营运车辆各省份分布。

商用车营运车辆类型主要包括牵引车、载货车、自卸车、冷藏车、危险品车辆及其他专用车。调研数据显示，当前各省份营运车辆主要以牵引车及载货车为主。有超73%的省份，牵引车及载货车所占比例超过80%；其中，河北、河南、山西、安徽等省份中，牵引车整体占比较高，基本都超过了70%；海南、江苏、北京、上海、天津、陕西等省市，载货车占比相对较高，均在40%以上；从自卸车的分布结构来看，云南、浙江、重庆、广西、湖北等省市自卸车所占比例相对较高，占比均超过20%。

（2）车队及终端营运车辆分布。

按照营运车辆在客户群体的分布情况来看（图3-6），不管是车队还是终端营运客户，还是以牵引车及载货车居多，二者在各群体的累计占比均在87%左右；其中，就牵引车占比情况来看，车队占比要高于终端营运客户，分别为69%、59%。自卸车在两个群体中的分布比例差异不大，在车队及终端客户中占比分别为8%、9%。

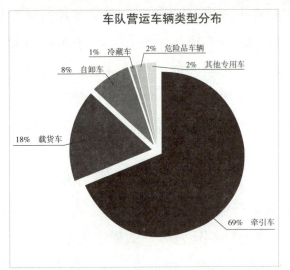
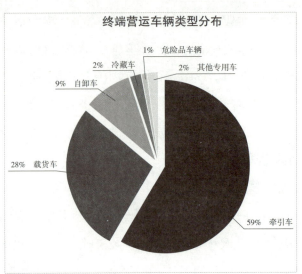

图3-6　营运车量在不同营运主体的分布情况

（3）终端客户运输项目分布。

从终端客户运输项目分布情况（表3-4）可以看出，终端营运客户运输项目多数以快递/零担物流及建材运输为主；各省市终端客户对该运输项目的比例基本都在20%以上，其中天津、吉林、北京、上海、浙江等省市整体偏高，均在30%以上。其次是建材运输，该运输项目在各省市的分布比例相对较高。对于农产品运输比例较高的省份主要集中在黑龙江、贵州、甘肃、陕西、河南及湖北等地，占比都在15%以上；而山西、内蒙古、新疆、甘肃、陕西、河北、宁夏等地煤炭/矿产资源运输比例相对较高，在20%以上，这与当地矿产资源分布较多较为一致。

表 3-4　不同省份运输项目分布情况

区域	快递/零担物流	建材	生鲜冷链	农产品	煤炭/矿产资源	渣土/砂石料混凝土搅拌	危化品	其他
天津	50%	12%	6%	6%	12%	0%	3%	12%
吉林	41%	17%	4%	9%	4%	7%	0%	19%
北京	33%	21%	3%	5%	0%	15%	0%	23%
上海	33%	22%	0%	0%	0%	22%	0%	22%
浙江	33%	7%	7%	10%	3%	27%	3%	10%
河南	30%	15%	6%	15%	11%	5%	1%	18%
广东	29%	21%	3%	2%	6%	13%	1%	25%
福建	29%	29%	5%	3%	3%	12%	0%	17%
重庆	27%	18%	0%	14%	9%	14%	5%	14%
辽宁	26%	8%	12%	10%	10%	11%	4%	18%
江西	25%	20%	3%	6%	9%	23%	1%	14%
江苏	24%	16%	5%	5%	5%	7%	1%	36%
湖北	23%	20%	2%	15%	12%	17%	0%	12%
贵州	23%	15%	10%	21%	8%	8%	2%	13%
安徽	23%	15%	5%	8%	3%	29%	0%	17%
黑龙江	23%	13%	10%	27%	8%	3%	3%	13%
四川	23%	24%	1%	13%	11%	9%	1%	18%

区域	快递/零担物流	建材	生鲜冷链	农产品	煤炭/矿产资源	渣土/砂石料混凝土搅拌	危化品	其他
山东	22%	14%	4%	13%	12%	3%	2%	30%
陕西	22%	14%	5%	17%	25%	2%	0%	14%
河南	21%	36%	0%	14%	0%	7%	0%	21%
宁夏	20%	15%	5%	7%	24%	5%	10%	15%
河北	18%	15%	2%	11%	26%	9%	0%	20%
广西	18%	22%	3%	7%	13%	18%	0%	18%
云南	18%	11%	5%	15%	13%	18%	0%	20%
甘肃	18	12%	6%	24%	24%	6%	0%	12%
新疆	17	3%	0%	10%	10%	17%	3%	17%
湖南	13	28%	0%	6%	6%	28%	0%	6%
青海	13	13%	0%	6%	6%	6%	13%	38%
山西	12	11%	1%	7%	7%	5%	1%	9%
内蒙古	10	14%	2%	8%	8%	3%	5%	20%

3. 经营情况调研

（1）终端客户单车每月运费收入分布。

各省市的单车运费收入主要集中在1万元以内及1万～2万元两个区间，两个区间累计占比均在50%以上；其中，天津运费收入在1万元以内区间的占比最高，达51.7%；其次为湖南，1万元以内的收入占比34.8%；江苏、浙江、黑龙江、山东及北京运费收入在1万～2万元区间的比例整体较高，达到50%以上；2万～3万元收入分布较高的区域主要包括上海、新疆、江西、吉林、甘肃，占比在30%以上；收入3万元以上的占比在各省市的占比都相对较低。

（2）终端客户不同运距收入分布。

调研数据显示（图3-7），在各运输距离收入分布中，城际配送整体收入水平最高，2万元以上收入占比达40.9%；其次为中短途运输，2万元以上收入占比31.8%。长途运输整体收入水平偏低，2万元以下收入占比71.4%。

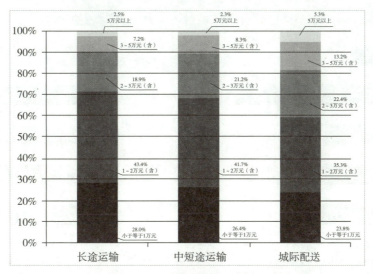

图3-7　不同运距收入分布情况

（3）不同运输项目的运费结算模式分布。

调研数据显示（表3-5），运费结算模式在各运输项目中并无明显特征，基本与前述整体分布情况保持一致，但是渣土/砂石料混凝土搅拌、危化品运输项目在结算上选择通过运输公司结算模式的占比相对较高，这与前述对货源结构的分析相呼应。

表 3-5　运费结算模式——分行业分布

运输项目	车队参与结算占比	终端自行结算占比
快递 / 零担物流	33.22%	66.78%
煤炭 / 矿产资源	34.39%	65.61%
建材	36.42%	63.58%
渣土 / 矿石料混凝土搅拌	40.47%	59.53%
农产品	26.66%	73.34%
生鲜冷链	29.65%	70.35%
危化品	55.75%	44.25%
其他	35.48%	64.52%

4. 市场预期调研

（1）对下半年货运市场需求量的预期。

调研数据显示（图3-8），商用车客户对下半年货运市场需求量多数持悲观态度，车队客户和终端客户对下半年货运市场需求量的预期均有一半以上持悲观态度，而终端客户相比车队客户，对未来货运量的需求预期更加悲观；但是经过对比分析，车队客户和终端客户对货运市场需求量的预期对其购车计划基本没有影响，可见客户购车意愿与其对市场的预期并无较强的相关性。

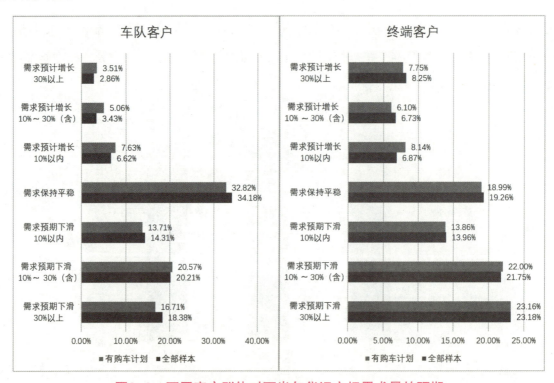

图3-8　不同客户群体对下半年货运市场需求量的预期

（2）商用车金融服务认知度。

调研数据显示（图3-9），商用车客户整体贷款意识比较高，各省份选择进行融资的客户占比基本都在70%以上；选择贷款的客户中，除个别省份外，选择一汽金融的比例均较高，基本都在75%以上；从客户群体来看，车队客户整体融资意识要高于终端客户，各区省份选择进行贷款的客户比例都在90%以上。

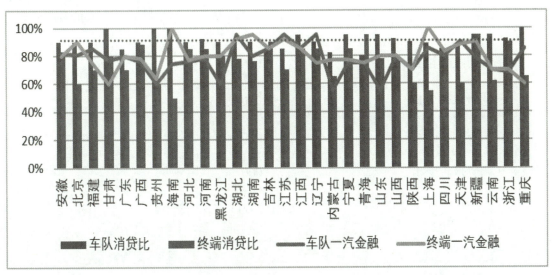

图3-9　顾客金融行业认知度

从初始资金资金投入情况来看，终端及车队车辆首付比分布状态基本一致，主要集中在10%～30%区间。终端客户集中在30%～40%区间、40%以上首付比区间的占比均高于车队客户。

5. 总结

以上调研主要围绕商用车客户当前的运营车辆、运输货物、货源结构、市场运力、运费收入及结算周期变化等问题多维度展开。综上分析可以看出：

客户对当前运力过剩感知明显，绝大部分客户当前运费收入较去年出现不同幅度的下滑。一半以上客户对下半年货运市场需求量及运费的预期持悲观态度，相较车队客户而言，终端客户更为悲观。对于国五及国六车型的购买意愿，多数人持观望状态，而具备购车意愿的客户，通常会选择国五车型。

任务评价

任务评价表

考评内容	能力评价						
考评标准	具体内容	工资/元				学生认定（40%）	教师认定（60%）
		笔记（20%）	作业（20%）	实训（40%）	测试（20%）		
	调研报告格式	2 000					
	调研数据分析	3 000					
	撰写调查报告	3 000					
	调研报告要求	2 000					
合计		10 000					
各组成绩							
小组	工资/元		小组	工资/元		小组	工资/元
教师记录、点评：							

　　备注：任务考核采用模拟企业工资绩效，用企业绩效管理模式来管理并考核学生的学习过程，实施过程性考核。工资以人民币计算，每100元折合为1分，计算总分时小数点后保留一位数字。

项目拓展

一、单选题

　　1.公司派调研人员到该公司所在的行业协会打印该协会内部发行的行业信息报告，则该公司所获取的打印资料属于（　　）。

A.二手资料　　　　　　B.一手资料　　　　　　C.直接资料　　　　　　D.过时资料

2.下列不属于问卷中敏感问题的是（　　）。

A.个人情感问题　　　　B.个人收入问题　　　　C.购买习惯问题　　　　D.政治宗教信仰问题

3 "未来一年内，您是否计划买房？" 该问题的提问方法属于（　　）。

A.开放式提问　　　　　B.多项选择式提问　　　C.二项选择式提问　　　D.顺序提问

二、多选题

1.问卷开头一般包含的内容有（　　）。

A.问卷编号　　　　　　B.感谢语　　　　　　　C.问候语　　　　　　　D.填表说明

2.在设计问卷时，提问的问题要注意（　　）。

A.内容尽可能详细　　　　　　　　　　　B.用词确切、通俗

C.多使用否定句　　　　　　　　　　　　D. 一个问题尽可能多地涵盖内容

3.下列属于6W原则的有（　　）。

A. Who　　　　　　　B. Where　　　　　　C. Weigh　　　　　　D. When

三、简答题

1.简述物流市场调研的概念、作用、方法。

2.简述物流市场调研问卷问题的设计原则。

3.简述物流市场调研报告的格式。

项目四
实施物流市场细分战略

项目简介

物流企业竞争的核心是整合有效资源，降低物流成本，为客户提供高质量服务。物流企业在进行营销活动时，必须考虑这样一个问题：物流产品应该卖给谁？或者说物流企业产品的目标顾客是谁？

物流企业要弄清楚这个问题，就必须对物流市场进行认真的分析，将客户按照一定的标准进行分类和市场细分，进而选择适合自己产品的那部分客户作为目标客户，并根据他们的需要进行针对性的营销活动，也就是目标市场的选择。如果目标定位出现差错，那么物流企业所进行的一系列营销活动就起不到应有的效果，有时甚至会南辕北辙。

学习目标

【知识目标】

掌握物流市场细分的标准及方法、目标市场选择的策略、物流市场定位的方法。

【能力目标】

（1）能够根据物流企业经营目标选择细分标准和方法，进行市场细分；

（2）能够根据不同的细分标准和客户差异化需求划分市场，并分析细分市场的特点；

（3）能够针对不同的物流产品灵活运用目标市场策略；熟悉并灵活运用市场定位的方法。

【素养目标】

（1）增强学生客户至上的服务理念及责任意识；

（2）具备从事营销工作所需的吃苦耐劳、坚韧不拔、积极进取的职业精神；

（3）培养对客户负责的素养，具有创新理念。

知识框图

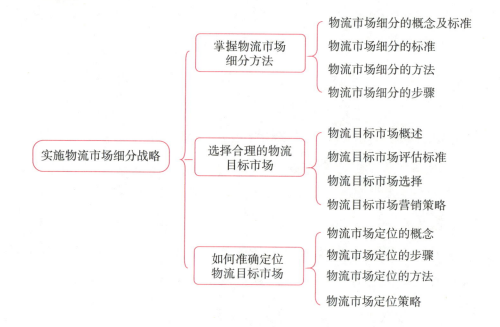

掌握物流市场细分方法
- 物流市场细分的概念及标准
- 物流市场细分的标准
- 物流市场细分的方法
- 物流市场细分的步骤

实施物流市场细分战略

选择合理的物流目标市场
- 物流目标市场概述
- 物流目标市场评估标准
- 物流目标市场选择
- 物流目标市场营销策略

如何准确定位物流目标市场
- 物流市场定位的概念
- 物流市场定位的步骤
- 物流市场定位的方法
- 物流市场定位策略

任务一　掌握物流市场细分方法

案例导入

近期，滴滴出行表示专车业务或将涉足物流领域，开展用专车来进行"物品运送"的服务，以满足人们的"懒"需求，专车不仅可以充当"快递员"，甚至还可以进行采购。在APP的专车业务中，滴滴提供了凯美瑞、别克GL8、奥迪A6等三个档次的车型选择，收费亦分为"15元起步价+2.9元每公里""23元起步价+5.5元每公里""27元起步价+5.6元每公里"三档。同月，快的打车也将收购而来的大黄蜂打车更名为"一号专车"，正式进军商务车市场。

结合案例，思考问题：

1.滴滴出行是怎样进行市场细分的？这家公司选择细分的依据是什么？

2.滴滴出行抢占物流细分市场体现了公司的勇于创新、抓住机遇，此外，还有哪些成功的方面？

任务描述

物流市场细分是物流企业成功运营的前提，在营销战略中起着关键的作用。任何一个物流企业，不可能满足所有市场的所有需求。通过物流市场细分可以为物流企业提供有效信息，寻找物流客户，并分析其特征和购买行为，准确地把握物流客户的服务需求，科学地制定营销目标，更好地分配物流资源。本任务主要学习物流市场细分的概念及标准、细分方法、细分步骤。

知识准备

一、物流市场细分的概念

所谓物流市场细分，就是从物流市场上各类需求的差异性出发，用一定的标准划分出不同的消费者群，并依此把一个整体物流市场分割为若干个子物流市场的过程。如图4-1所示，依据功能的不同可将物流市场分为仓储、配送、运输、流通加工等子市场。

图4-1　根据功能不同划分物流市场

物流市场细分的客观基础和依据是消费需求的差异性，其实质就是将异质市场分成若干同质市场的过程。细分市场在其内部消费者的需要和欲望、购买行为和购买习惯等方面具有同一性，而不同细分市场的消费者在上述方面则具有明显的差异性。

资料卡片

市场细分的概念是美国市场学家温德尔·史密斯（Wendell R.Smith）于1956年提出来的。他认为"细分是基于需求一方的发展，并且代表着对产品和为满足消费者和用户的需求而做的营销努力的一个合理并且更为精准的调整"。按照消费者欲望与需求，把因规模过大导致企业难以服务的总体市场划分成若干具有共同特征的子市场，处于同一细分市场的消费群被称为目标消费群，相对于大众市场而言这些目标子市场的消费群就是分众了。

二、物流市场细分的标准

根据物流市场的特点，物流企业可按照消费者需求差异性、最终用户标准、客户行业、地理区域、物品属性、客户规模、关联程度、时间长短、服务方式和利润回报等对物流市场进行细分。

探究活动

请举例说明，怎样按照客户行业或物品属性进行物流市场细分？

1. 消费者物流市场细分标准

物流市场细分的依据是物流客户的不同需求，所有导致客户需求差异性的因素都可以作为市场细分的标准。消费者物流市场细分标准，实际上是导致消费者需求出现异质性、多样化的因素，概括起来主要有以下几个方面。

（1）地理环境因素，即按照消费者所处的地理位置、自然环境来细分物流市场。例如，居住在高寒地带的人们对棉衣棉裤有强烈需求，而居住在炎热地带的人们对此则毫无需求。

（2）人口因素，即按照人口的有关变量来细分物流市场。

（3）心理因素，即按照客户的心理特征来细分物流市场。

（4）行为因素，即按照客户的购买行为来细分物流市场。如按照进入物流市场的程度，通常可将客户划分为常规消费者、初次消费者和潜在消费者；按照使用频率，可将客户划分为大量用户和少量用户；按照偏好程度，可将客户划分为绝对品牌忠诚者、多品牌忠诚者、变换型品牌忠诚者和非品牌忠诚者。物流市场细分标准如表4-1所示。

表4-1　物流市场细分标准

序号	细分标准	内容
1	地理环境因素	国家、地区、城市规模、不同地区的气候及人口密度等
2	人口因素	年龄、婚姻、职业、性别、收入、受教育程度、家庭生命周期、国籍、民族、宗教、社会阶层等
3	心理因素	个性、购买动机、价值观念、生活格调、追求的利益等
4	行为因素	使用频率、偏好程度等变量

2. 基于客户需求的市场分类

（1）最终用户标准。即根据最终对产品的使用去向细分物流市场。

例如，富莱茜快运客户主要是呼和浩特郊区以及市中心、小区超市、大型超市分布点。

（2）客户所属的行业性质。按行业对象不同，物流市场可分为汽车物流、家电物流、医

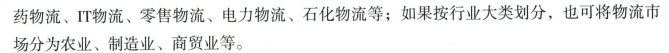

药物流、IT物流、零售物流、电力物流、石化物流等；如果按行业大类划分，也可将物流市场分为农业、制造业、商贸业等。

例如，富莱茜快运专注于农业、商业和服务业。

（3）地理区域。按照地理区域的不同，可将物流市场分为区域物流市场、跨区域物流市场和国际物流市场。

例如，富莱茜快运主要市场为华北和东北市场。

（4）物品属性。按物品属性划分为生产资料、生活资料和其他资料。

例如，有些物流企业专门从事危险品物流业务，有些物流企业专门从事生鲜品物流业务，有的则专门从事水产品物流业务。富莱茜快运主营业务是乳制品的运输，所以物品属性属于生活资料。从另外一个角度考虑，也可将物流市场细分为投资品市场和消费品市场。

（5）客户规模。不同的客户因其业务规模不同，对物流服务的质量、频率、价格等要求也不相同。根据客户规模，可将物流市场划分为大客户、中等客户、小客户。一般对大客户，都由专门的客户经理负责业务联系；而对中小客户，其业务联系则由外勤推销人员负责。

探究活动

请思考，怎样根据客户规模打造不同的物流服务标准？

（6）时间长短。可将客户细分为长期客户、中期客户和短期客户。一般而言，物流企业都倾向于和客户建立长期稳定的合作关系，但也有部分短期或阶段性、一次性合作的客户。

（7）服务方式。可将物流市场分为单一型物流服务方式和综合型物流服务方式。

例如，一些小型的物流公司仅为客户提供运输服务或仓储服务，而那些大型的物流公司往往能够实现为客户同时提供仓储、配送、运输、流通加工等综合性服务。如中储股份公司业务涵盖期现货交割物流、大宗商品供应链、互联网物流、工程物流、消费品物流、金融物流等领域，是一家现代综合物流企业，为我国特大型全国性仓储物流企业。重视信息技术的发展，以积极、开放的态度推动信息技术的引入和研发，并通过技术创新引领模式创新、管理创新等，对物流产业带来革命性影响。

（8）利润回报。可将物流市场细分为高利润产品（服务）市场和低利润产品（服务）市场。对利润回报的考量，在很大程度上与物流企业自身的发展战略、规模、实力和发展阶段等有关。

例如，小型物流企业对单笔业务的利润率一般要考虑多一些，而大型物流企业则更侧重于规模效益。

以上基于客户需求的物流市场分类方式，如表4-2所示。

表4-2　基于客户需求的物流市场分类方式

序号	分类依据	具体分类
1	客户行业	汽车制造业、医疗器械业、化工品行业、电子行业、纺织品行业等
2	地理区域	国际物流、跨区域物流、区域物流
3	客户规模	大客户、中等规模客户、小客户
4	时间长短	长期客户、中期客户、短期客户
5	服务方式	单一物流服务方式、综合性物流服务方式
6	利润回报	高利润产品服务市场、低利润产品服务市场

（9）其他标准。如技术要求标准、客户特征（外资、合资、国资）、产品服务标准、物流对象的体积和质量标准（大件市场、小件市场）、客户对时间的要求（特快件、快件、一般快件、加急快件）等。需要指出，由于物流市场需求的复杂性和多变性，决定了无论是消费者物流市场细分，还是产业物流市场细分，仅凭某单一标准就能达到目的的情形是很少见的，往往需要同时考虑几个标准才能成功。

物流市场细分的标准不是固定不变的，随着信息科技的高速发展和市场的变化，对物流企业的综合需求也必然发生相应的改变。物流企业应根据自身特点，审时度势、与时俱进地选择细分标准，据以调整自身的发展战略、营销方向，这样才能发现新的市场机会，从而为客户提供更全面的物流服务，确立和巩固竞争优势。

三、物流市场细分的方法

1. 单一变量因素法

它是指根据市场主体的某一因素进行细分，而不去过多地考虑其他方面，如按物流产品的危险程度来细分市场，可以分为危险品物流和非危险品物流。按照客户对送达时间的不同要求，可将包裹邮递市场细分为四个子市场：24小时内送达、3天内送达、7天内送达、15天内送达。按照距离单因素，可分为短途、中途、长途。

2. 主导因素排列法

它是指一个细分市场的选择存在多因素时，可以从消费者的特征中寻找和确定主导因素，然后与其他因素有机结合，确定细分的目标市场。

例如，生鲜产品需要考虑的因素包括时间、安全、成本等，而时间因素也即效率显然是主导性的因素。再如快递市场，职业与收入是影响快递选择的主导因素，文化、教育、年龄等因素则居于从属地位。

3. 综合标准法

它是指根据影响消费者需求的两种或两种以上的因素综合进行细分。综合因素法的核心是对多种因素进行并列分析，所涉及的各项因素都无先后顺序和重要与否的区别，而是可以统筹考虑。

如表4-3所示，按照地理区域和加盟方式对物流货运市场进行细分。

表 4-3　按照地理区域和加盟方式对物流货运市场进行细分

网络模式	直营	加盟
全国网	德邦、顺丰速运、天地华宇等	安能、中通快运等
区域网	宇鑫物流	长吉物流、宇佳物流等
专线	捷路丰物流公司	德坤物流

4. 系列因素法

它是指细分市场所涉及的因素是多项的，但各项因素之间先后有序，由粗到细，由浅入深，由简到繁，由少到多。如图4-2所示，按照地理区域、客户行业、物品属性等系列因素对物流市场进行细分。

图4-2　系列因素法市场细分

5. 5W1H 法（Who、What、Why、When、Where、How）

（1）客户的范围是什么？通过调查，可以得到客户的一般统计性资料，如企业名称、注册资本、经营范围、业务特色、行业特点等。

（2）客户需要什么或买什么？列出一份详细的清单，包括产品或服务类别、包装、价格、使用量、品牌、使用密度、颜色、款式、说明书、配送要求等。

（3）为什么买？客户内心期望的真正价值是什么，用什么方法打动客户。

（4）什么时间买？对服务时间的具体要求和详细界定。

（5）什么地点买？了解信息的渠道、沟通渠道、网点设置、便利性等。

（6）如何买？怎样结算、支付方式、怎样签合同、试用期长短等。

将以上信息资料全部列出来以后，就可以分别从每一项中选择出具有鲜明特征的项目进行整合，最后确定自己的目标市场。

四、物流市场细分的步骤

1. 确定物流产品市场范围

根据市场调查的情况，物流企业先确定该区域的所有客户需要哪些物流产品和服务，需求规模多大，服务对象是谁，企业自身的资源和能力能否满足客户的需求。

2. 列出潜在客户需求

所有客户的基本需求有哪些？哪些是相同的，哪些是不同的？

3. 区别不同客户需求

不同客户需求的侧重点是不一样的，通过这种差异比较，就可以初步细分出需求差异的客户群。

4. 选择细分标准

抽调潜在客户的共同需求，而以特殊需求作为细分标准。

5. 命名

给细分后的每一个子市场命名，该名称应该能反映这一消费群的特质。

6. 测量子市场

对每一个子市场进行预测，估计其客户数量、购买频率、购买行为、服务要求，估计客户需求规模、市场规模，并对产品市场竞争状况和发展趋势做出分析。通过分析以便决定是否再次进行市场细分或合并这些子市场。

7. 选择物流目标市场

决定市场细分的大小及市场群的潜力，从中选择适合企业的物流目标市场。

物流市场细分步骤如图4-3所示。

图4-3　物流市场细分步骤

任务实施

根据班级人数将学生分成若干实训活动小组，每组设组长一名，负责安排、协调、督促小组完成实训任务，同时做好实训活动记录。

活动　分析行业物流细分市场

步骤一：确定物流市场细分标准

物流市场细分标准有消费者物流市场细分标准、最终用户标准、客户所属的行业性质、地理区域、客户规模、时间长短、服务方式、利润回报等。根据任务要求确定客户所属的行业性质为细分标准。

步骤二：查阅表4-4中的行业物流细分的具体资料

表4-4　行业物流细分资料

	行业物流	物流行业区域	代表物流公司
客户所属的行业性质	汽车物流	长三角	中外运物流有限公司、京东物流
	医药物流	北京、武汉	九州通医药集团股份有限公司、中外运物流有限公司
	IT物流	上海、深圳、江苏	中外运物流有限公司
	零售物流	浙江	中外运物流有限公司、京东物流集团
	家电物流	广东	京东物流集团

步骤三：小组讨论分析不同行业物流细分市场的特点

汽车物流：原材料方面要求零配件的JIT配送，在销售物流方面，由于汽车体积、重量大，价值高，要求有专业的物流配套设备，对物流过程的安全性要求很高。

医药物流：医药产品附加值高，产品有严格的温湿度控制要求，需要单独的专业化设施和设备来储存和运输。重视物流运作的可靠性和安全性。

IT物流：产品生命周期较短，更新换代快，时效性强，产品附加值高。因此对其供应和销售物流都侧重于快速响应和效率。

零售物流：重视产品的可得性，减少分销零售渠道的缺货率。另外，日化产品促销较多，需要搭配包装等流通加工服务。

家电物流：家电产品产量大、体积大，原材料和成品都需要较多的存储空间，需要标准化、机械化配套设备。

步骤四：学生讲解任务完成情况

组长抽取序号，并选出一名代表讲解本组的讨论结果。

步骤五：师生点评

每个小组选出一名评委，对任务完成情况进行打分，小组间互评，最后由教师进行点评。

任务评价

任务评价表

考评内容	能力评价						
	具体内容	工资/元				学生认定（40%）	教师认定（60%）
		笔记（20%）	作业（20%）	实训（40%）	测试（20%）		
考评标准	物流市场细分的概念	2 500					
	物流市场细分的标准	2 500					
	物流市场细分的方法	2 500					
	物流市场细分的步骤	2 500					
合计		10 000					
各组成绩							
小组	工资/元		小组	工资/元		小组	工资/元
教师记录、点评：							

备注：任务考核采用模拟企业工资绩效，用企业绩效管理模式来管理并考核学生的学习过程，实施过程性考核。工资以人民币计算，每100元折合为1分，计算总分时小数点后保留一位数字。

任务二　选择合理的物流目标市场

案例导入

　　京东作为中国最大的自营式电商企业，其目标客户包含电商平台的商家，也包含众多的非电商企业客户，以及社会化的物流企业。采用了京东物流服务的客户能让消费者无论通过什么途径购物（线上线下），购买何种商品（海外、生鲜、医药……），都可以在最短的时间内，获得最佳的购物体验，甚至超越京东自营的购物体验水准，让京东物流像水和电一样融入生活中，成为中国商业的基础设施之一。

　　京东的主要客户群有以下几种。

　　从需求角度：京东的主要客户是计算机、通信产品、新型数码产品和家用电器等的主流消费人群或企业消费用户。

　　从年龄的角度：京东的主要客户为18～35岁的人群，与此同时，京东在线营销的客户除了企业用户外，大部分的个人用户为25～35岁的白领阶层，这一类人不仅消费欲望强，而且消费能力高，一旦他们成为其忠实客户，可以给京东带来更多的经济利益。

　　从性别角度：京东的目标客户主要是男性消费者，而世界杯期间的电视观众中70%以上都是男性观众，这很符合京东商城的传播目标。

　　从职业的角度：京东的主要客户是公司白领、公务人员、在校大学生和其他有稳定收入但又没有足够时间上街购物的消费人群。

　　结合案例，思考问题：

　　1.理解目标市场选择的意义并分析京东物流的目标市场客户是哪些。

　　2.京东物流的服务宗旨有哪些？为什么要如此重视服务？

　　3.成为一名优秀的物流从业者，应具备什么样的职业素养？

任务描述

　　企业经营战略是决定企业经营活动的关键因素，是企业充满活力的有效保证。而科学地选择目标市场是影响企业经营战略正确与否的必要条件。那么，在物流市场细分的基础上，企业应如何选择物流目标市场并进行评估？如何选择物流目标市场模式？如何确定物流目标市场策略？带着这些问题，让我们一起走进今天的课堂。本任务主要学习物流目标市场的概念、特点、评估标准、营销策略。

▦ 知识准备

选择物流目标市场是物流目标市场营销的第二步，市场细分的目的就是选择目标市场，物流企业所制定的营销策略、开展的营销活动都是围绕目标市场进行的，只有这样，物流企业才能做到"有的放矢"。

一、物流目标市场概述

1. 物流目标市场概念

所谓物流目标市场，是指物流企业在市场细分的基础上，经过评价和筛选后所确定的作为企业经营目标的某一个或几个细分物流市场，即物流企业通过提供产品或服务来满足细分市场消费者群的需求，从而实现物流企业营销目标。

2. 物流目标市场特点

每个企业服务的只是物流市场上的部分顾客。善于寻找最有吸引力，并能为之提供最有效服务的特定顾客，能够事半功倍。物流目标市场是企业决定作为自己服务对象的有关物流市场（顾客群），可以是某个细分物流市场，若干细分物流市场集合，也可以是整个物流市场。物流目标市场的特点，如图4-4所示。

图4-4　物流目标市场的特点

（1）可识别性。

企业足以取得必需的资料，描述各个细分市场的轮廓，明确细分市场的概貌。

（2）可进入性。

企业足以有效地覆盖目标物流市场，进入并有所作为。

例如，中国邮政（图4-5）发现食品、服装鞋帽、书报杂志、日用品、通信用品、文化用品等小件物品有较大物流市场需求。

图4-5　中国邮政

（3）可盈利性。

目标物流市场的购买力，足以使企业有利可图，能够实现预期的经济效益。

（4）可稳定性。

目标物流市场及各细分物流市场的特征，在一定时期内能够保持相对不变。

例如，DHL凭借定时可靠的服务及一流的航空公司打造全球网络，满足空运需求。

参照以上标准，进行比较，然后选择符合企业目标、资源和能力的物流目标市场。重点考虑企业规模的大小，是否有足够的购买力，足以实现预期销售额，与企业实力匹配；物流市场成长的潜力，物流市场有无尚待满足的需求、充分的发展余地和空间；企业的竞争优势和物流市场地位。

二、物流目标市场评估标准

物流企业必须对细分市场进行评估。因为任何一个企业，无论其大小，资源和能力都是有限的，而各个细分物流市场之间也存在着差异性，这使物流企业很难满足所有细分市场的需求。所以，物流企业必须从所有细分市场中选出适合自己进入的目标市场。物流企业应从以下两个方面分析和评估物流细分市场：

（1）物流细分市场的吸引力。

物流企业必须考虑潜在的物流细分市场的规模、成长潜力、盈利率、市场环境、风险等。大物流企业往往重视规模较大的物流细分市场，而小物流企业往往会避免进入大的物流细分市场，转而重视销售量小的物流细分市场，实行错位竞争。

（2）物流企业的目标和资源。

物流企业要考虑是否具备在物流细分市场取得竞争优势所必需的资源和能力，这种资源和能力相较于竞争对手而言要有一定的比较优势。如果物流企业在物流细分市场缺乏必要的资源，物流企业就必须放弃这个物流细分市场。如果物流企业无法向物流细分市场的消费者提供某些更有价值的物流产品或服务，它就不应贸然进入该物流细分市场。

三、物流目标市场选择

物流企业在对不同细分市场进行评估后，要决定进入哪个或者哪些物流细分市场，即开始选择目标市场。有五种可供参考的模式（图4-6）：密集单一物流市场集中战略、物品产品专业化战略、物流市场专业化战略、选择专业化战略、覆盖全部物流市场战略。

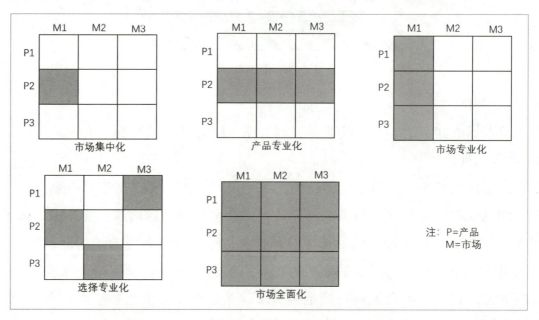

图4-6 物流目标市场选择的五种模式

1. 密集单一物流市场集中战略

这是一种最简单的物流目标市场模式。即物流企业只选取一个物流细分市场，只生产一类物流产品或提供一种物流服务，供应单一的顾客群，进行集中营销。较小的物流企业通常采用这种模式。

例如，智联物流公司专一于手机物流市场。

物流企业通过专一物流市场集中战略这种模式，可以更好地了解物流目标市场客户群的需求，树立良好的企业形象，巩固在该目标市场的领导地位。此外，物流企业通过仓储、配送、运输、流通加工等专业化分工，也获得了较高的经济效益。但是，这种模式潜伏着一定的风险。由于该细分市场区域较小，企业的发展很受限制，或者由于企业的投资过于集中，一旦细分市场出现不景气的情况，或其他竞争者决定进入同一个细分市场等，都会使物流陷入危险境地，所以许多企业不愿把鸡蛋放在一个篮子里，宁愿在若干个细分市场分散营销。

2. 物流产品专业化战略

物流产品专业化战略是指物流企业集中提供一种物流产品或一种物流服务，并向各类顾客群销售这种产品或服务。

例如，有的物流企业只提供仓储服务，同时向家电企业、服装企业、食品企业等各类用户提供仓储服务；有的物流企业只提供配送服务，同时向超市、酒店、食品加工企业等提供配送服务。

物流产品专业化战略模式的优点是企业专注于某一种产品或服务，有利于形成和发展生产和技术上的优势，在该领域树立形象。其局限性是当该领域被一种全新的技术产品与服务所代替时，物流企业就会存在经营危险。

3. 物流市场专业化战略

物流市场专业化战略是指物流企业专门为满足某一顾客群体需要提供各种物流服务。

例如，某物流企业向海尔提供仓储、配送、流通加工、信息加工、运输等各种物流服务。

采用物流市场专业化战略模式，能有效地分散经营风险，和顾客建立良好关系。但由于集中于某一类顾客，当这类顾客的需求下降时，物流企业也会遇到收益下降的风险。

4. 选择专业化战略

选择专业化战略是指物流企业选取若干个具有良好盈利潜力和结构吸引力，且符合企业目标和资源的细分市场作为物流目标市场，即向不同客户群提供不同的物流服务。其中每个物流细分市场与其他物流细分市场之间较少联系。

例如，中外运物流有限公司的物流目标市场有汽车物流、快速消费品、科技电子、军勤保障、海外物流、医疗产品、供应链金融等。

其优点是可以有效地分散经营风险，即使某个物流细分市场盈利情况不佳，也可在其他物流细分市场取得盈利。采用选择专业化战略的企业应具有较强的资源和营销实力。

5. 覆盖全部物流市场战略

覆盖全部物流市场战略是指物流企业生产提供各种物流服务去满足各种顾客群体的需要。一般来说，只有实力雄厚的大型企业选用这种模式，才能收到良好效果。

例如，丰田汽车公司在全球汽车物流市场等都采取物流市场全面化的战略。

四、物流目标市场营销策略

物流企业在市场细分、选择目标市场之后还要确定目标市场营销策略。有无差异营销策略、差异化营销策略、密集性营销策略三种不同的目标市场策略供企业选择。

物流目标市场策略

1. 无差异营销策略

实行无差异营销策略的物流企业把整体物流市场看作一个大的物流目标市场，不进行细分，只用一种物流服务、统一的物流市场营销组合对待整体物流市场。

*例如，我国早先的邮政物流（图4-7），实行全国统一价格，无论企事业单位、机关，*还是农村、城市，采用无差异营销策略的最大优点是成本的经济性。单一的物流服务可以减

少服务转换成本；无差异的广告宣传可以减少促销费用。

图4-7　中国邮政物流

但是，无差异营销策略对物流市场上绝大多数产品都是不适宜的，因为消费者的需求偏好具有差异性，单一服务或物流产品很难满足所有人的需求。即便一时能赢得某一物流市场，如果竞争企业都如此仿照，就会造成物流市场上某个局部竞争非常激烈。

探究活动

请思考并讨论，无差异营销策略适用于哪些物流产品？

2. 差异化营销策略

差异化营销策略是把整体物流市场划分为若干需求与愿望大致相同的细分物流市场，然后根据企业的资源及营销实力选择部分细分物流市场作为目标物流市场，为目标市场提供多种物流服务，并针对不同的细分市场制定不同的物流市场营销组合策略。

采用差异化营销策略的物流企业一般是财力雄厚的大企业。先进的科技力量和素质较高的管理人员，是实行差异化营销战略的必要条件。由于采用差异化营销策略必然受到企业资源和条件的限制，小企业往往无力采用。

例如，联邦快递公司（FedEx）、中国远洋运输集团公司（COSCO）、宝供物流企业集团有限公司（P.G.L）、中国外运股份有限公司（Sinotrans）等国内外著名物流企业采用的都是这种策略。

采用差异化营销策略的最大优点是可以有针对性地满足具有不同特征的顾客群的需求，提高物流产品的竞争能力，促进物流产业化的发展，同时还可以起到降低经营风险的作用。但是，由于物流服务种类增多、销售渠道的扩大化、广告宣传的多样化，物流市场营销费用也会大幅度增加。

3.密集性营销策略

密集性营销策略是在将整体物流市场分割为若干细分物流市场后，只选择其中某一细分物流市场作为目标物流市场，集中力量，实行专业化服务和经营的目标市场策略。

这种策略也称为"弥隙"策略，即弥补物流市场空隙的意思，适合资源稀少的小型物流企业。小企业如果与大企业硬性抗衡，弊大于利，必须学会寻找对自己有利的微观生存环境。也就是说，如果小企业能避开大物流企业竞争激烈的物流市场部分，选择一两个能够发挥自己技术、资源优势的小物流市场，往往容易成功。由于目标集中，可以较好地了解目标市场需求，大大节省营销费用并增加盈利；又由于服务、销售渠道和促销的专业化，也能够更好地满足这部分特定消费者的需求，企业易于取得优越的物流市场地位，提高企业知名度，树立良好的企业形象。

这一策略的不足是经营者承担经营风险较大，如果目标物流市场的需求情况突然发生变化，或是物流市场上出现了更强有力的竞争对手，企业就可能陷入困境。采用集中市场营销策略的企业，要随时密切关注市场动向，充分考虑企业在未来可能意外情况下的各种对策和应急措施。

三种营销策略的对比，如图4-8所示。

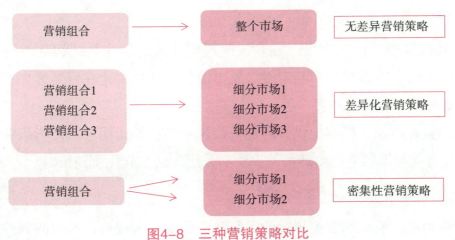

图4-8 三种营销策略对比

任务实施

根据班级人数将学生分成若干实训活动小组，每组设组长一名，负责安排、协调、督促小组完成实训任务，同时做好实训活动记录。

活动 分析物流目标市场

步骤一：小组查找顺丰速运快递市场细分资料

顺丰速运（集团）有限公司成立于1993年（以下简称顺丰），总部设在深圳，是一家主要经营国内、国际快递及相关业务的服务性企业。

（1）地理区域。客户所处的地理位置不同，不同区域的客户对快递公司的要求也各有特色，快递公司必须根据不同区域的快递需求制定不同的营销方案。按此标准，一般可以将快递市场分为区域快递和跨区域快递。显然，顺丰经历了由区域经营到跨区域经营直至跨国经营的发展。

（2）客户行业。不同行业的客户，其产品的构成存在很大差异，对快递需求各不相同。按客户行业不同，一般可以将市场细分为农业、工业、商业和服务业等细分市场。顺丰专注于商业和服务业市场。

（3）客户业务规模。按照客户对快递需求的规模细分市场，可以将客户分为大客户、中等客户、小客户。顺丰致力于服务大客户、中等客户和中端小客户。

（4）物品属性。快递公司在进行快递活动过程中，由于物品属性的差异，使企业快递作业的差别也很大。顺丰一直定位于"小件快递"，不做大件。

（5）服务方式。按服务方式可将快递市场分为综合方式服务和单一方式服务。顺丰针对不同的客户需求提供相应的服务方式，既有单一的，也有综合的。

（6）外包动因。按客户选择第三方快递公司的动因进行细分，可将市场细分为关注成本型、关注能力型、关注资金型、复合关注型。选择顺丰的客户，一般都是"关注能力型"。

步骤二：讨论分析顺丰目标市场

顺丰选择高价值的"小众市场"或者按照现代流行的说法是"利基市场"作为目标市场，最终成为整个行业的游戏规则制定者。顺丰的目标客户锁定在月结客户；对象主要是企业、白领或者是金领、国外快递客户等。

针对不同的目标市场，顺丰提供即时配、快递服务、快运服务、冷运服务、医药服务、国际服务、附加费等物流服务，由此可见，顺丰采用的是差异化营销策略。

步骤三：分析顺丰目标市场选择的意义

目标客户被锁定，所有的营销、运营、服务策略都要围绕目标客户的利益点进行。顺丰对此进行了细致的调研与分析。企业客户利益点：便利、安全、快速、全国性网络、经济成本、优质服务。白领或者是金领：便利、安全、准确、优质服务。国外客户：准确、安全、经济、便利。最终顺丰准确定位点为快速、准确、安全、经济、便利、优质服务。顺丰所有的市场营销策略、产品和服务都是围绕定位点展开。在这个目标市场上顺丰不仅发挥了竞争优势，更打造了持续的竞争力。

步骤四：学生讲解任务完成情况

组长抽取序号，并选出一名代表讲解本组的讨论结果。

步骤五：师生点评

每个小组选出一名评委，对任务完成情况进行打分，小组间互评，最后由教师进行点评。

任务评价

任务评价表

考评内容	能力评价							
	具体内容	工资/元				学生认定（40%）	教师认定（60%）
		笔记（20%）	作业（20%）	实训（40%）	测试（20%）		
考评标准	物流目标市场的概念	2 000					
	物流目标市场的特点	2 000					
	物流目标市场评估标准	2 000					
	物流目标市场选择	2 000					
	物流目标市场营销策略	2 000					
	合计	10 000					
各组成绩							
小组	工资/元	小组	工资/元	小组	工资/元		
教师记录、点评：							

备注：任务考核采用模拟企业工资绩效，用企业绩效管理模式来管理并考核学生的学习过程，实施过程性考核。工资以人民币计算，每100元折合为1分，计算总分时小数点后保留一位数字。

任务三　如何准确定位物流目标市场

案例导入

顺丰速运是一家主要经营国内、国际快递及相关业务的服务性企业。对于提供社会型服务产品的快递行业来说，服务质量无疑是顾客关注度最高的需求。顺丰速运在对产品属性进行定位时，将关注点集中在快递速度（"限时送达"）、可靠性、货物丢失率和破损率等核心服务指标上，以服务换价格，使其在国内高端市场独树一帜。

顺丰速运的显著竞争优势：速度、安全、灵活。

（1）速度优势：速度是快递市场竞争的决定性因素。想要得到更多的市场份额，快递企业必须把速度放在第一位。

（2）安全优势：顺丰有一套较为完善的激励奖惩机制，有一批先进的设备和先进的阿修罗系统以及较为健全的交通输送网络，保证了对运输物品的安全性。在服务标准的统一性和可靠性上，已经明显超越了其他快递公司。

（3）灵活优势：在服务时间上，灵活的民营快递企业更具竞争力。顺丰目前实行的是两班制，属于昼夜不间断的运营机制，保证客户的快件能够在第一时间进行中转派送。

在诸多的快递业务中，顺丰选择了小件快递作为属性定位，并专注于此，形成了产品的差异化。顺丰把"快速、准确、安全、经济、便利、优质服务"作为利益定位点，并在快速方面做到出色，远远超出其他竞争对手，在准确和安全方面非常优秀，高于行业水平；在便利、经济和优质服务方面不低于行业平均水平。

结合案例，思考问题：

1.顺丰速运的竞争优势有哪些？它侧重于哪方面的定位？

2.顺丰速运以服务取胜，作为物流从业者应该具有哪些服务意识？企业要如何强化员工团队协作、开拓进取的意识？

任务描述

物流企业选择和确定了目标市场后，就进入了物流目标市场营销的第三个步骤——市场定位。市场定位是物流目标市场营销战略重要的组成部分。它关系到物流企业及其产品或服务在激烈的市场竞争中，占领消费者心理、树立物流企业及产品和服务形象、实现物流企业市场营销战略目标等一系列至关重要的问题。本任务主要学习物流市场定位的概念、步骤、方法、策略。

知识准备

产品定位是为了使物流产品与竞争者产品有明显区别，为了本企业物流产品与竞争者产品显示出差异，确立自己独特的市场形象，就必须对竞争对手产品的定位状况有足够的认识。因此，物流企业在进行产品定位时，一方面要研究物流客户对产品或服务各种属性的重视程度，另一方面要了解掌握竞争对手的产品特色，即把物流产品和物流客户两方面联系起来，选定本企业物流产品的特色和形象，从而完成物流产品的市场定位。

一、物流市场定位的概念

物流市场定位是物流企业在充分考虑物流市场竞争状况和自身资源的条件下，建立和发展物流产品或服务差异化优势，塑造出本企业物流产品与众不同的鲜明个性或形象并传递给目标客户，使物流产品在物流市场上占有优势地位。市场定位的实质是使本物流企业与其他物流企业严格区分开来，使物流客户明显感觉和认识到这种差别，从而在客户心目中占与众不同的有价值的位置。

物流市场定位要体现以"客户为中心"的物流服务精神，以"降低客户的经营成本"为根本的物流服务目标，以"伙伴式、双赢策略"为标准的物流服务模式，以"服务社会、服务国家"为价值取向的物流服务宗旨。

二、物流市场定位的步骤

1. 识别潜在竞争优势

这是物流市场定位的基础，是市场定位的第一步。企业的竞争优势通常表现在成本优势和产品差别化优势两方面。

2. 企业核心竞争优势定位

物流企业核心竞争优势是与主要竞争对手各方面实力相比较的过程，这是市场定位的第二步。企业在经营管理、市场营销、产品、服务质量等方面所具有的可获取明显差别利益的优势。应把企业的全部营销活动加以分类，并将主要环节与竞争者相应环节进行比较分析，以识别核心竞争优势。初步确定本企业在目标市场上所处的位置。

例如，恒基达鑫是华南沿海地区规模最大的石化产品码头之一。公司是专业的第三方石化物流服务提供商，业务辐射国内石化工业最发达的珠三角地区、长三角地区和华中地区，是华南及华东地区石化产品仓储的知名企业，拥有先进的仓储及码头装卸设施。致力于成为国际一流的第三方石化综合服务提供商，为客户提供安全、优质、高效的第三方石化综合服务方案，持续创造最大价值。

3. 制定发挥核心竞争优势的战略

物流企业在目标市场营销方面的核心能力与优势，不会自动地在物流市场上得到充分表现，必须制定出明确的物流市场战略来加以体现。这是市场定位的第三步。这一步骤的主要任务是物流企业要通过一系列的宣传促销活动，将其独特的竞争优势准确地传播给潜在顾客，并在顾客心目中留下深刻印象。

首先，应使目标顾客了解、知道、熟悉、认同、喜欢和偏爱本物流企业的市场定位，在顾客心目中塑造与该定位相一致的形象。

其次，物流企业应通过各种努力强化目标顾客对自身形象的认同，促进目标顾客对企业的了解，稳定目标顾客的态度和加深目标顾客的感情，巩固与市场相一致的形象。

最后，物流企业应注意目标顾客对其市场定位理解出现的偏差，高度关注由于企业市场定位宣传上的失误而造成的目标顾客模糊、混乱和误会，及时纠正与市场定位不一致的形象。

4. 进行市场定位

最终的市场定位是在前述分析、比较以后进行的工作，要经过初步定位和正式定位两个过程。初步定位是经过详细论证后，由决策层确定，而后进行实践的"实验性工作"。而正式定位是经过调研、试销、校正偏差之后的最终工作。需要强调的是，随着目标市场供求状况的不断变化，企业在目标市场上的定位需持续修正。

物流市场定位流程如图4-9所示。

图4-9　物流市场定位流程

三、物流市场定位的方法

物流市场定位是物流企业为了确立目标市场或者客户群体，对物流服务进行设计，创造出独特的客户价值，以驱动客户长期购买和合作。物流市场定位的方法有多种，如图4-10所示。

图4-10　物流市场定位的方法

1. 按主导区域定位

区域定位是指物流企业在制定营销组合策略时，应当为物流产品或服务确立要进入的市场区域，即确定该物流产品或服务是进入国际市场、全国市场，还是在某市场、某地等。只有找准了自己的市场区域，才会使物流企业的营销计划获得成功。

2. 按物流产品或服务特色定位

物流产品或服务特色定位是根据其本身特征，确定其在市场上的位置，如产品质量、档次、价格、特色等。

例如，中海北方物流有限公司组建的同时拥有普货、冷藏货班列，冠名为"中国海运一号"的五定班列。

3. 按竞争定位

这是指根据竞争者的特色与市场位置，结合物流企业自身发展需要，将本企业的物流产品或服务，或定位于与其相似的另一类竞争产品的档次；或定位于与竞争直接有关的不同属性或利益；或定位于与现有竞争者重合的物流市场位置，争夺同样的目标顾客；或定位于物流市场"空白点"上，开发并销售目前物流市场上还没有的某种特色物流产品或服务，开拓新的物流市场领域。

4. 按客户关系定位

这是按照物流企业与客户的关系进行定位，物流企业与客户之间的关系一般来说有五种：一次性客户、潜在客户、一般客户、重要客户、VIP客户。

5.按使用者的类型定位

这是指把产品指引给适当的潜在使用者，根据使用者的心理和行为特征及特定消费模式塑造出恰当的形象。

例如，按使用者身份可分为农民、学生、白领等。

6.按提供的利益和解决问题的方法定位

产品本身的属性及由此衍生的利益、解决问题的方法以及重点需要的满足程度也能使顾客感受到它的定位。

例如，星晨急便适应夜经济推出"夜快递"，物流行业中的人性化专业物流服务的定位，"满足客户需要、做到客户想要的、发现客户将要的"服务理念。

7.按产品的专门用途定位

为老产品找到一种新用途，是为该产品创造新的市场定位的好方法。

例如，鲜花速递：家用和送礼。

以上定位方法往往是相互关联的，物流企业在进行市场定位时可在综合考虑各方面因素的基础上，将各种方法结合起来使用。

四、物流市场定位策略

目标市场定位实质上是一种竞争策略，它显示了一种物流产品或一家企业同类似的物流产品或企业之间的竞争关系。定位方式不同，竞争态势也不同。下面主要分析四种主要定位策略：

1.市场领先者定位策略

市场领先者定位策略是指物流企业选择的目标市场尚未被竞争者发现，企业率先进入市场，抢先占领市场的策略。市场领先者在市场占有率、价格变动、新产品开发、营销渠道和促销能力等方面处于主导地位。市场领先者的地位是在竞争中自然形成的，随着其他竞争者的加入，其领导地位会随着市场营销环境的变化而变化。物流企业要想保持自己的领先地位，必须时刻关注市场的变化，了解目标客户需求的变化，掌握竞争者的变化，以便调整本企业的营销战略。

物流企业采用这种定位策略，必须具备下列条件：①该市场符合消费发展趋势，具有强大的潜力；②本企业具备领先同行业的条件和能力；③进入的市场必须有利于打造企业的营销特色，提高市场占有率，使本企业的销售额在未来市场的份额中占有40%左右。

例如，中国远洋运输（集团）公司通过向目标市场提供"一站式"服务、"绿色服务"等一体化解决方案，向顾客提供全方位的周到的物流服务，将自己定位为全球物流服务商。

其他如UPS、FedEX等跨国物流公司，由于其综合服务广、物流实力强，具有为客户提供综合服务的能力，也都把自己定位为全球物流服务商。

2. 市场挑战者定位策略

市场挑战者定位策略是指在市场上处于次要位置的物流企业把在市场上处于领先地位的物流企业作为挑战对象，即与最强的竞争对手"对着干"，并最终战胜对方，让本企业取而代之的市场定位策略。挑战市场上占支配地位的竞争者是高利润高风险的方式，挑战者必须充分认识自己的竞争实力、了解竞争对手、把握市场环境、评估风险、制定进攻策略。

物流企业采取这种定位策略，必须具备以下条件：要有足够的市场容量；有较强的实力可以与竞争对手抗衡；本企业能够向目标市场提供更好的物流产品或服务。

3. 跟随竞争者市场定位策略

跟随竞争者市场定位策略是指企业发现目标市场竞争者充斥，已座无虚席，而该市场需求潜力又很大，企业跟随竞争者挤入市场，与竞争者处在一个位置上的策略。这里的"跟随"并不是被动、单纯的跟随，而是设法将独特的利益带给本企业，必须在保持低成本和高服务水平的同时，积极地进入开辟的新市场，企业必须找到一条不致引起竞争性报复的方法。

企业采用这种策略，必须具备下列条件：目标市场还有很大的需求潜力；目标市场未被竞争者完全垄断；企业具备挤入市场的条件和与竞争对手"平分秋色"的营销能力。

中通是"三通一达"中入局最晚的，成长速度却是最快的。2019年中通成为中国及全球首家运单量破百亿的快递企业，从0到百亿，中通用了17年，而再次翻倍到200亿，只用了2年。2021年，中通快递全年包裹量同比大增21.1%，达到223亿件，全球第一，并成为全球首家年业务量破200亿件的快递企业。2023年三季度公司包裹量同比增加18.1%，达到75亿件，市场份额扩大至22.4%。

探究活动

请查阅"中国快递之王"中通快递的资料，详细了解中通后来者居上的原因。

4. 市场补缺者定位策略

市场补缺者是指在同行业中处于弱小地位的小企业。这类企业由于规模小、实力弱，只经营一种物流产品或服务，选择那些被大企业所忽视或大企业不值得占领的细分市场。这类企业的经营特点是小而专。企业的这种市场定位，决定了它们的竞争战略主要是回避战略，即通过开发那些未被注意的市场求得生存。因此，企业的竞争方式战略就集中在表现在体现自己的特色上，即在项目选择上要做到短、平、快，以尽量发挥企业优势。采用的基本方式是拾遗补阙，方便客户，独具特色。

企业采用这种策略，必须具备下列条件：①本企业有能力提供目标客户需求的物流产品或服务；②有足够的市场容量和购买力；③对主要竞争者不具有吸引力；④有盈利空间。

当然，企业的市场定位并不是永恒的，而是随着目标市场竞争者状况和企业内部条件的变化而变化的，是一个动态的过程。当目标市场发生下列情况变化时，就需要考虑重新调整定位的方向：①竞争者的销售额不断上升，自身的市场占有率持续下降，企业出现困境；②企业在新的市场上可以获得更大的市场占有率和较高的销售额；③新的消费趋势出现和消费者群的形成，使企业失去吸引力；④企业的经营战略和策略做了重大调整等。物流企业市场定位示例，如表4-4所示。

表 4-4　物流企业市场定位示例

序号	物流企业	客户定位
1	UPS	主要从事汽车和电信业的物流服务
2	Excel	主要从事食品、汽车和零售业的物流服务
3	FeDex	主要从事电子产品的物流服务
4	宝供物流	主要从事快速消费品的物流服务

任务实施

根据班级人数将学生分成若干实训活动小组，每组设组长一名，负责安排、协调、督促小组完成实训任务，同时做好实训活动记录。

活动　分析德邦物流市场定位

步骤一：阅读案例资料

德邦物流创建于1996年9月。在发展初期，德邦物流对国内物流市场进行了大量调研工作，发现我国的物流产业"小、散、低、乱"。几辆车、十几个人的物流公司比比皆是，最大的货运商也只占行业中3%的市场份额。全国物流公司注重运费的占70%～80%，注重时效的占20%左右，注重服务水平和物流公司形象的占3%～5%。其中注重价格的客户最多，占了市场绝大部分，但全国99%的物流公司都在进攻这块市场。

经过分析，德邦物流高层认为在价格上竞争不占优势，那么就选择了第二和第三卖点——时效、服务和安全。德邦物流定位在高档次物流和差异化服务上。差异化服务就是快速和安全，即保证货物安全的同时，用最快的速度将货物送到顾客的手里，如若没有按时送到，德邦公司将免除运输费用，这种服务条款当时在国内还是首家，因而吸引了大批高端客户。"时效创造价值，"崔维星（德邦物流原总经理）对此深有感触，他说："我们公司业务运作是差异化，卖的是时效，卖的是出勤率。我们是用时间、服务来满足货主的要求，同样货主也会用等值的价格回报我们的服务，这就是实实在在的效益。我们大批量购买东风轻型车就是为了提供差异化服务，服务那些要求时效性强的顾客。东风轻型车速度快、出勤率高、运营公里数高，平均每台车每年运营30多万千米，每台车每天能创造2 000多元的效益。"

步骤二：查找德邦物流的市场定位

经过阅读资料和小组讨论分析，不难得出德邦物流市场定位——时效、服务和安全。德邦物流定位在高档次物流和差异化服务上，差异化服务就是快速和安全，即保证货物安全的同时，用最快的速度将货物送到顾客的手中。

通过分析可以得知，德邦物流按照物流服务特色差异化和竞争进行定位，采用市场领先者定位策略。

步骤三：分析德邦物流如何进行市场定位

1. 了解同类产品竞争对手的情况

德邦物流对国内物流市场进行了大量调研工作，发现我国的物流产业"小、散、低、乱"。几辆车、十几个人的物流公司比比皆是，最大的货运商也只占行业中3%的市场份额。全国物流公司注重运费的占70%~80%，注重时效的占20%左右，注重服务水平和物流公司形象的占3%~5%。

2. 目标市场上顾客欲望满足程度如何以及确实还需要什么

德邦物流用最快的速度将货物送到顾客手中，如若没有按时送到，德邦物流将免除运输费用，这种服务条款当时在国内还是首家，因而吸引了大批高端客户。

3. 确定自己的核心竞争优势

德邦物流用"时效创造价值"。

4. 明确物流公司市场定位——时效、服务、安全

步骤四：学生讲解任务完成情况

组长抽取序号，并选出一名代表讲解本组的讨论结果。

步骤五：师生点评

每个小组选出一名评委，对任务完成情况进行打分，小组间互评，最后由教师进行点评。

任务评价

任务评价表

考评内容	能力评价						
考评标准	具体内容	工资/元				学生认定（40%）	教师认定（60%）
		笔记（20%）	作业（20%）	实训（40%）	测试（20%）		
	物流市场定位的概念	2 500					
	物流市场定位的步骤	2 500					
	物流市场定位的方法	2 500					
	物流市场定位策略	2 500					
合计		10 000					

各组成绩					
小组	工资/元	小组	工资/元	小组	工资/元

教师记录、点评：

备注：任务考核采用模拟企业工资绩效，用企业绩效管理模式来管理并考核学生的学习过程，实施过程性考核。工资以人民币计算，每100元折合为1分，计算总分时小数点后保留一位数字。

项目拓展

一、单选题

1.（　　）差异的存在是市场细分的客观依据。

A.产品　　　　　B.价格　　　　　C.需求偏好　　　　　D.细分

2.依据目前的资源状况能否通过适当的营销组合去占领目标市场，即企业所选择的目标市场是否易于进入，这是市场细分的（　　）原则。

A.可衡量性　　　　　　B.可实现性　　　　　　C.可盈利性　　　　　　D.可区分性

3.采用无差异营销战略的最大优点是（　　）。

A.市场占有率高　　　B.成本的经济性　　　C.市场适应性强　　　D.需求满足程度高

二、多选题

1.物流目标市场营销的全过程（STP）包括的步骤主要有（　　）。

A.市场调查　　　　　　B.市场细分　　　　　　C.目标市场选择　　　　D.市场定位

E.市场预测

2.物流目标市场的特点有（　　）。

A.可识别性　　　　　　B.可进入性　　　　　　C.可盈利性　　　　　　D.可稳定性

3.市场定位是（　　）在细分市场的位置。

A.塑造一家企业　　　B.塑造一种产品　　　C.确定目标市场　　　D.分析竞争对手

三、简答题

1.简述物流市场细分的概念、标准、方法。

2.简述物流目标市场的模式、策略，并分析其优缺点。

3.简述物流市场定位的概念、方法、策略。

项目五
制定物流市场营销组合策略

项目简介

物流市场营销组合就是物流企业通过市场细分选出目标市场之后，根据企业既定目标，综合考虑企业内外部条件和环境，对物流产品、定价、渠道、促销等可控因素进行优化组合和综合运用，使之相互配合，扬长避短，以取得更好的经济效益，实现企业的任务和目的。物流市场营销组合策略是物流市场营销战略的核心和基础，是物流企业经营管理的重要组成部分。组合策略的优化与否关系到物流市场营销的成败，进而影响到物流企业的发展壮大。

学习目标

【知识目标】

（1）认知物流整体产品，掌握物流产品组合策略、产品生命周期、新产品开发流程；

（2）掌握物流产品定价方法和策略；

（3）掌握物流产品促销策略；

（4）掌握物流产品渠道策略。

【能力目标】

（1）能够精准运用物流产品策略相关理论分析物流产品，提出新产品开发创意，培养创新能力；

（2）灵活运用定价策略为不同的物流产品进行定价；

（3）熟练运用物流产品促销的基本技能开展促销活动；

（4）选择运用分销渠道策略，并对其进行考评、激励和调整，提高渠道策划和开发能力。

【素养目标】

（1）形成爱岗敬业、吃苦耐劳的良好职业道德素养；

（2）具备从事物流营销工作所需的实践创新、求真务实、精益求精的职业精神；

（3）树立新发展理念和人生发展观，弘扬时代精神。

知识框图

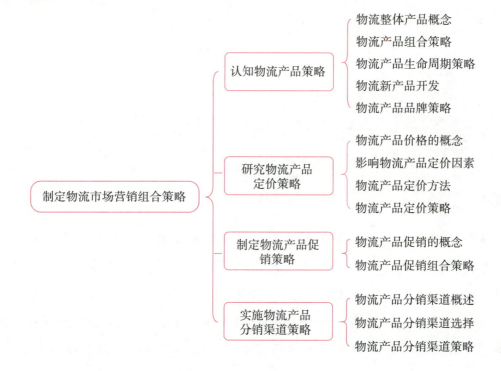

制定物流市场营销组合策略

- 认知物流产品策略
  - 物流整体产品概念
  - 物流产品组合策略
  - 物流产品生命周期策略
  - 物流新产品开发
  - 物流产品品牌策略
- 研究物流产品定价策略
  - 物流产品价格的概念
  - 影响物流产品定价因素
  - 物流产品定价方法
  - 物流产品定价策略
- 制定物流产品促销策略
  - 物流产品促销的概念
  - 物流产品促销组合策略
- 实施物流产品分销渠道策略
  - 物流产品分销渠道概述
  - 物流产品分销渠道选择
  - 物流产品分销渠道策略

任务一　认知物流产品策略

案例导入

顺丰速运是一家国内领先的综合物流服务商、全球第四大快递公司。多年来，顺丰秉承"以用户为中心，以需求为导向，以体验为根本"的产品设计思维，聚焦行业特性，从客户应用场景出发，深挖不同场景下客户端到端全流程接触点需求及其他个性化需求，设计适合客户的产品服务及解决方案，持续优化产品体系与服务质量。同时，顺丰利用科技赋能产品创新，形成行业解决方案，为客户提供涵盖多行业、多场景、智能化、一体化的智慧供应链解决方案。

顺丰速运的物流产品主要包含：时效快递、经济快递、同城配送、仓储服务、国际快递等多种快递服务，以零担为核心的重货快运等快运服务，以及为生鲜、食品和医药领域的客户提供冷链运输服务。此外，顺丰还提供保价、代收货款等增值服务。

结合案例，思考问题：

1.请分析顺丰速运的物流整体产品、物流产品组合策略、物流新产品开发策略和品牌策略。

2.顺丰速运的经营理念体现了企业员工应具有改革创新的时代精神，树立文化自信、民族自信。请谈谈你的理解。

任务描述

物流产品的个性化、多元化是物流企业开拓市场、满足客户需求的重要趋势。对物流产品组合进行优化，不断创新物流产品、注重物流产品生命周期策略和品牌策略是提升物流企业核心竞争力的重要手段。本任务主要学习物流产品的概念和层次、物流产品组合策略、物流产品生命周期策略和品牌策略等。

知识准备

制定物流产品策略是物流市场营销组合策略的首要内容，直接影响到价格策略、渠道策略、促销策略的实施和运行，是物流企业发展的重要因素之一。物流产品策略包括物流整体产品、产品组合、新产品开发、产品生命周期、品牌等内容。

物流产品

一、物流整体产品概念

1.物流产品的概念

物流产品是指物流企业根据客户的需求，为其提供储存、运输、配送、通关、装卸、搬运、流通加工及相关信息等各种物流活动的总称。

物流产品的本质是满足客户需求的物流服务，通过这种服务，帮助客户实现了产品实体的转移，实现了客户实体产品的社会价值。它本身并不创造商品的形质效用，而是产生空间效用和时间效用。

资料卡片

现代市场营销学认为，狭义的产品是指满足人们需要和欲望的任何有形物品。广义的产品是指作为商品提供给市场，被人们使用和消费，并能满足人们需要和欲望的某种物品的总和。这种概念的内涵更加广泛，它包括有形物品（电视）、无形服务（技术咨询）、组织（公司）、事件（奥运会）、地点（长城）、观念（环保）或它们的组合。

物流服务是指在开展一系列的物流活动过程中，所有与物流活动相关联的运输、代理、保管、配送、报关、包装、储藏、分拣、流通加工、信息、咨询、商检、通关等各种服务。每种独立的物流活动都是一种无形产品，不同的物流活动可以任意组合在一起，新产生一种物流产品。这种物流产品是无形的，看不见，摸不着，不能储存，与物流设施不可分割，其生产和消费大多具有同一性。

2. 物流产品的层次

物流整体产品包含物流核心产品、物流形式产品、物流期望产品、物流附加产品、物流潜在产品五个层次，如图5-1所示。

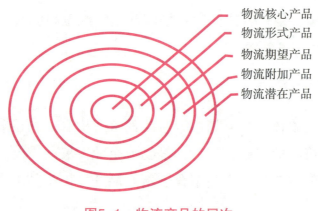

物流核心产品
物流形式产品
物流期望产品
物流附加产品
物流潜在产品

图5-1　物流产品的层次

（1）物流核心产品。客户购买物流产品所获得的基本服务或利益就是物流核心产品。它是物流整体产品最基本的层次和最主要的部分，是客户购买物流产品的核心所在。

探究活动

请想一想，仓储型物流公司、运输型物流公司的核心产品是什么？

通俗地讲，仓储型物流公司的核心产品是储存和保管货物；运输型物流公司的核心产品是将物品从一个地点向另一个地点运送。仓储功能、配送功能、运输功能等就是物流产品的核心产品。

这种物流核心产品的基本功能满足了客户的需求，使客户获得了该产品的基本效用和价值。物流核心产品是一个抽象的概念，要想销售给客户，必须通过具体的形式产品来实现。

（2）物流形式产品。物流形式产品是多种多样的，具体表现为仓储、运输、装卸、搬运、分拣、加工、配送等环节和方式的组合（图5-2）。它是物流核心产品借以实现的形式，即物流核心产品的基本效用和利益需要通过物流设备、物流机械技术、物流信息技术、人力表现等具体的形式来实现。

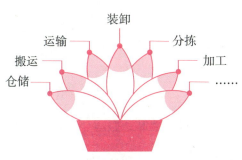

图5-2　物流形式产品

（3）物流期望产品。客户购买物流产品时通常所希望和默认的一组物流产品属性和条件就是物流期望产品。通俗地讲，就是客户在购买物流产品前对所购物流产品的质量、使用方便程度、特点等方面形成的期望值。

探究活动

你在购买物流产品时，有什么样的期望呢？

一般来说，客户在购买物流产品时，期望得到质量完好、时间准确、速度高效、服务周到、反应迅速、处理得当等一整套产品属性和条件，如果没有得到，客户就会不满意。物流期望产品使物流核心产品更加具体化、规范化。

（4）物流附加产品。客户购买形式产品和期望产品时所获得的全部附加服务和利益就是物流附加产品，包括咨询、产品说明、技术培训、电话订货、报关、报检、安装、运送、维修、信贷、物流网络规划等物流增值服务。物流附加产品是超出客户期望的部分，随着市场经济的发展，市场竞争更加激烈，因此，物流附加产品成为企业竞争获胜的重要手段之一。

例如，中国邮政快递服务的附加产品有集中整付、代收货款、返单服务、密码投递、一票多件、保价服务等；中外运物流有限公司的附加产品有产品外箱贴标服务、产品条码管理服务、客户定制化服务、到货翻箱服务等。

（5）物流潜在产品。潜在产品是指目前还没有现实产品，但未来可能发展为最终产品的潜在状态的产品。

物流潜在产品是现有物流产品演变的趋势和前景，是物流整体产品的最高层次。企业通过不断开发物流潜在产品来激发客户潜在需求从而提升市场竞争力，要做到这一点，企业必须有超强的预测能力和长远的战略眼光，必须坚持守正创新，才能把握时代、引领时代。

物体产品的层次，如表5-1所示。

表 5-1 物流产品的层次

序号	层次	内容
1	物流核心产品	物流基本服务或利益
2	物流形式产品	仓储、运输、装卸、搬运、分拣、加工、配送等环节和方式的组合
3	物流期望产品	质量好、效率高、时间准、处理得当等一组物流产品属性和条件
4	物流附加产品	咨询、技术培训、报关、报检、安装、运送、维修、信贷、物流规划等
5	物流潜在产品	目前还没有现实产品但未来可能发展为最终产品

物流整体产品是一个多层次的、动态的、复杂的系统，既要满足客户的核心需求，又要满足客户的心理需求。物流产品层次的外延不断发展、扩大，它清晰地体现了以市场需求为中心、以客户利益为核心的现代物流市场营销观念，企业必须带着全新的视角去分析物流整体产品，去研发物流产品的差异性，确定企业在每个产品层次上有自己的产品特色，从而与竞争产品区别开来。

3. 物流产品的特征

物流产品与一般意义上的有形产品不同，它有自己独有的特征，如图5-3所示：

图5-3 物流产品的特征

（1）非物质性。

物流产品的本质是物流服务，物流服务属于非物质形态的劳动，它生产的不是有形的产品，不可储存。这是物流产品区别于其他产品的重要特征。

（2）差异性。

物流产品的差异性体现在两个方面：一是物流企业的服务能力和服务方式以及物流员工的个性特征是有差别的；二是物流客户的个性化需求千差万别，因而物流企业为客户提供的物流产品呈现出差异性特征。

请找一找，中外运物流有限公司、九州通医药集团股份物流有限公司（以下简称九州通医药物流有限公司）两家企业的物流产品是什么？有区别吗？

物流企业的竞争往往体现在物流产品的差异上。中外运物流有限公司依据业务领域为客户提供汽车物流服务、军勤保障物流服务、供应链定制物流服务、供应链金融服务、海外物流服务、快消品配送服务、科技电子物流服务。

而九州通医药物流有限公司则是根据不同客户来提供相应的服务。

例如，为医疗机构、零售药店、商业批发、生产企业提供专业的医药分销、总代总销、现代物流、信息技术等服务；为消费者提供互联网+健康管理服务。

（3）不可分离性。

物流产品具有不可分离性，在物流产品中，所有的服务如运输、仓储、配送等，物流企业的生产过程和客户的消费过程同时进行，二者在时间上不可分离。也就是说，企业员工提供物流产品给客户时，也正是客户消费物流产品的时刻。

（4）专业性。

为了更好地满足物流客户的需求，为了企业自身的发展，企业为客户提供物流产品时，在物流技术工具、物流设备装备、物流运作过程等方面，体现出专业化的水准。

例如，九州通医药物流有限公司作为科技型、平台型、生态型的物流供应链企业，已实现网络化经营、平台化运作、数字化管控与智能化生产。该企业始终致力于新一代信息技术、人工智能、高端装备、绿色环保等新的增长引擎，构建优质高效的服务业新体系。

（5）增值性。

物流产品的增值性就是指物流企业在为客户提供基本服务的基础上实现增值服务，满足客户的特殊需求。

例如，顺丰快递的订单业务，包括订单的收取、记录、确认，发货通知；九州通医药物流有限公司利用自身网络优势为客户建立产品分销中心等都是增值服务的体现。物流企业要想在市场竞争中立于不败之地，必须重视增值服务，必须完整、准确、全面贯彻新发展理念，推动现代服务业同先进制造业深度融合，加快发展物联网，建设高效顺畅的流通体系。

（6）附属性。

物流产品的产生、形成和实现是随着商流的发生而发生的。商流是指物品在流通中发生形态变化的过程，即由货币形态转化为商品形态，以及由商品形态转化为货币形态的过程，随着买卖关系的发生，商品所有权发生转移。在流通领域，先有商流，再有物流，商流的发生是物流产品功能实现的前提。

4. 物流产品的种类

（1）根据物流产品所依托的技术工具划分。

根据物流产品所依托的技术工具可将物流产品分为物流硬件产品和物流软件产品（图5-4）。在物流活动中使用的物流设施设备、各种仓库设备、自动识别设备和分拣设备等就是物流硬件产品。在物流活动中使用的各种方法、技能、作业程序如物流规划、物流设计、物流作业调度等就是物流软件产品。

图5-4 根据物流技术工具划分的物流产品

（2）根据物流产品的功能要素划分。

根据物流产品的功能要素可将物流产品分为七种服务，如图5-5所示。

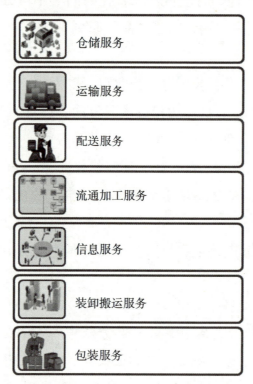

图5-5 根据功能要素划分的物流产品

（3）根据物流产品的内容划分。

根据物流产品的内容可将物流产品分为基本服务和增值服务，如图5-6所示。基本服务有运输、仓储、配送等物流的基本功能。增值服务有代办保险、通关、安装调试、库存分析、销售预测、物流规划、建立分销中心、供应链设计与管理、成本核算等。

1.基本服务

· 运输、仓储、配送……

2.增值服务

· 物流规划、代办保险、通关……

图5-6 根据内容划分的物流产品

二、物流产品组合策略

在市场经济条件下，物流企业提供给市场的物流产品往往不是单一的，而是物流产品的组合。

1.物流产品组合的概念

物流产品组合又叫物流产品搭配，是指一个物流企业提供给市场的全部产品线和产品项目的组合或结构。它反映了物流企业的业务经营范围和市场开发的深度。

例如，物流企业可以提供单一的运输服务、仓储服务、配送服务等，也可以组合后提供运输服务+仓储服务+配送服务，或仓储服务+流通加工服务+配送服务等。

物流产品线又称产品大类或产品系列，是指物流产品组合中核心功能相同，但是在服务形式、操作手段、作业流程或服务对象等方面不同的一类服务项目。

例如，仓储服务、运输服务、快递服务等，分别可以形成相应的产品线。一个企业可以有一条或几条产品线，每条产品线可以有不同的产品项目。

物流产品项目就是物流产品的品种，是指某条产品线中不同外观、不同属性、不同规格和不同价格的具体服务类别。

例如，物流企业提供的仓储服务、运输服务、配送服务分别为三条产品线。仓储服务中如平放仓库服务、料架仓库服务、自动化立体仓库服务、多层式仓库服务，即为不同规格的具体物流产品项目。

探究活动

请试一试，登录中国外运股份有限公司网站，列表汇总该公司的物流产品组合。

2.物流产品组合的决定因素

影响物流产品组合的因素有宽度、长度、深度、关联性。

物流产品组合的宽度是指一个物流企业有多少不同的物流产品线，即物流服务大类。产品线越多，表示宽度越宽，说明物流企业的业务经营范围越宽广。

物流产品组合的深度是指一条产品线中所含产品项目的多少。产品项目越多，表示深度越深，说明物流企业业务经营越精细。

物流产品组合长度是指一个物流企业所有物流产品大类所包含的物流项目的总和。

物流产品组合关联性是指一个物流企业的各条产品线在最终使用设施、操作手段、操作规程、服务对象、资源共享、分配渠道等方面相互关联的程度。

例如，某物流企业的物流产品组合，如表5-2所示。

表 5-2　某物流企业的物流产品组合

物流产品组合					
	产品项目				
	产品大类 1	A1	A2	A3	—	—
产品线	产品大类 2	B1	B2	—	—	—
	产品大类 3	C1	C2	C3	C4	—
	产品大类 4	D1	D2	D3	D4	D5

从表中可以看出，物流产品组合有4个产品大类、14个产品项目。

物流产品组合的宽度为4：该企业共有4条产品线，所以物流产品组合宽度为4。

物流产品组合的长度为14：该企业共有14个产品项目，所以物流产品组合长度为14。

物流产品组合的深度：产品大类1共有3个产品项目，所以深度为3；产品大类2共有2个产品项目，所以深度为2；产品大类3共有4个产品项目，所以深度为4；产品大类4共有5个产品，所以深度为5。

物流产品组合的平均深度为3.5：长度除以宽度，求出平均深度。

物流产品组合的四个因素与企业提高市场占有率、增加利润、拥有客户量大小密切相关。物流企业通过加大物流产品组合的宽度，拓宽产品线，实行多元化经营，开辟新的市场，降低投资风险；通过加深物流产品组合的深度，延长产品线，占领同类产品的更多细分市场，增强行业竞争力；通过增加物流产品组合的长度，使物流产品项目更加充裕，成为更全面的物流产品线公司；通过加强物流产品组合的关联性，提升物流企业的市场地位，提高物流企业在某一特定市场领域的竞争力。

3. 物流产品组合策略的形式

物流产品组合策略是指物流企业为实现经营目标，根据市场需求和自身条件，对物流产品组合的宽度、深度及关联性进行最优组合的谋略。其目的是提高企业竞争能力和实现经济效益最大化。

（1）全线全面型策略。这是一种扩展型物流产品组合策略，是指物流企业扩大物流产品组合的宽度（增加产品线数量），同时，加深物流产品组合的深度（增加产品项目数量）。通俗地讲，就是物流企业通过增加物流服务的种类，细化物流服务的内容，来满足物流目标市场上不同需求的客户群。采用这种策略的物流企业必须有能力满足多种细分市场的需求。一般来讲，往往具有较强综合实力的第三方物流企业才能应用此种策略。

例如，高质量发展是全面建设社会主义现代化强国的首要任务。规模和实力居市场领先地位的中国远洋物流有限公司全面贯彻新发展理念，确立了"由全球承运人向以航运为依托的全球物流经营人转变"的发展战略，以"做最强的物流服务商，做最好的船务代理人"为奋斗目标，致力于为国内外广大客户提供国际船舶代理、空运代理、集装箱场站管理、拼箱服务、驳船运输、租船经纪等多种物流产品大类。每一种物流产品大类都有若干产品项目，如空运代理就有航空急件、普货空运、鲜活空运、红酒空运、超大件空运、仓储配送6个产品项目。

（2）市场专业化策略。这是一种专项物流产品组合策略，是指物流企业向特定的专业市场（需求相同的物流客户）提供所需各种物流产品的产品组合策略。这种策略强调的是产品组合的广度和关联性，产品组合的深度一般较小。

例如，九州通医药物流有限公司是行业内首家获评5A级物流及唯一获评国家十大智能化仓储物流示范基地的企业，是一家以药品、医疗器械、生物制品、保健品等产品批发、零售连锁、药品生产与研发及有关增值服务为核心业务的科技驱动型的全链医药产业综合服务商，是中国医药商业领域具有全国性网络的少数几家企业之一。

科技是全面建设社会主义现代化国家的基础性、战略性支撑。九州通坚持创新在企业现代化建设全局中的核心地位。公司商业模式在不断优化和变革，2023年，九州通发布四大新战略——新零售、新产品、互联网医疗、不动产证券化（REITs）。

（3）产品线专业化策略。这也是一种专项物流产品组合策略，是指物流企业只提供某一种产品大类的不同产品项目来满足物流客户不同需求的产品组合策略。选择这种策略的物流企业往往只有一条产品线，注重增加产品项目。这种策略强调的是产品组合的深度和关联性，产品组合的宽度一般较小。

例如，小型物流企业提供单一外包物流服务、运输服务、仓储服务等。

（4）特殊产品专业型策略。这是一种特殊的物流产品组合策略，是指物流企业根据自身所具备的特殊资源条件和特殊技术专长，专门提供特殊物流产品的产品组合策略。这种策略产品组合的宽度极小，深度不大，但关联性极强。

例如，水泥物流、石油及油品物流、煤炭物流、腐蚀化学物品物流、危险品物流。

物流产品组合策略的优缺点，如表5-3所示。

表 5-3　物流产品组合策略的优缺点

物流产品组合策略	优点	缺点
全线全面型策略	物流产品丰富、抗风险能力强	资金投入高、管理复杂
市场专业化策略	有效摊薄经营成本、渠道利用率高	市场空间小、风险较大
产品线专业化策略	专业化程度高、差异化竞争能力强	产品市场生命周期较短
特殊产品专业型策略	企业市场竞争威胁小	市场有限

4.物流产品组合策略的调整

物流企业为了在市场上保持竞争力，要适时根据内部条件与外部环境来调整自己的物流产品组合策略。

（1）扩大产品组合策略。扩大产品组合策略是拓展物流产品组合的宽度和加深物流产品组合的深度。

所谓拓展物流产品组合的宽度，就是在原有的物流产品组合中增加一个或几个物流产品大类。

例如，顺丰快递在原有快递业务的基础上，逐渐增加了快运服务、冷运服务、医药服务、国际服务，即增加物流产品线。

所谓加深物流产品组合的深度，就是在原有的产品线内增加新的物流产品项目。

例如，顺丰快递的快运服务在原有重货包裹、标准零担两个产品项目的基础上，增加了大票直送、整车直达、丰城专运三个产品项目。

（2）缩减产品组合策略。缩减产品组合策略就是削减物流产品大类或产品项目。当市场不景气时，物流企业通过缩减产品大类或产品项目来降低服务成本，提高服务效率，达到集中力量经营获利大的物流产品线或产品项目，稳定与客户的关系。

（3）高档产品策略。高档产品策略就是在原有的物流产品线内增加高档产品项目，提高企业声望和市场地位。这种策略可以帮助企业树立品牌形象。

例如，顺丰快递的保鲜服务、大件入户、特殊入仓，华储物流的银行监管仓库、海关监管仓库，九州通的数字物流与供应链解决方案、技术增值服务等都是在原有物流服务中加入高附加值物流服务项目。

（4）低档产品策略。低档产品策略就是在原来的产品线中增加低档产品项目，以扩大业务量。

例如，华宇物流原来主要是做长途运输，现在为了培育长期客户，打造自己的核心竞争力，增加了短途运输、送货上门等低附加值服务项目。

三、物流产品生命周期策略

1. 物流产品生命周期的概念

物流产品和人一样，也是有寿命的。所谓物流产品生命周期，是指物流产品的市场寿命，即一种物流产品从开始进入市场到被市场淘汰的整个过程，分为导入期、成长期、成熟期、衰退期四个阶段，如图5-7所示。

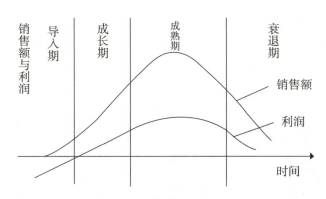

图5-7　物流产品生命周期

物流产品在生命周期的不同阶段，其销售额、利润、物流客户、竞争者所表现的特征是不一样的，如表5-4所示。

表5-4　物流产品生命周期特征

阶段		导入期	成长期	成熟期	衰退期
特征	销售额	低	快速增长	达到顶峰相对稳定	下降
	利润	负数	高	达到高峰并逐渐下降	低
	物流客户	数量小	快速增多	大多数人	少数
	竞争者	少	逐渐增多	最多	减少

2. 物流产品生命周期的营销策略

一种物流产品从进入市场到最后衰落退出市场的整个生命周期内，物流企业针对自己的产品在各个阶段会制定不同的战略目标和营销策略，企业应当在此基础上以动态的眼光来选择自己的物流运作模式，具体如表5-5所示。

表5-5　物流产品生命周期的营销策略

营销策略 ＼ 阶段	导入期	成长期	成熟期	衰退期
促销策略	告知和解释性的新产品宣传	宣传物流产品的特点	品牌传播	以和谐为主题

续表

阶段\\营销策略	导入期	成长期	成熟期	衰退期
营销渠道策略	自建网络、直销	寻求代理	维护与代理的关系	最终客户方便获得
价格策略	价格高	参照对手	中等并让利代理商	价格低
产品策略	基本核心产品，突出核心功能	改进完善产品	开发新产品与潜在产品	注重附加产品开发
营销总体策略	市场扩张	市场渗透	维持占有率	新老物流产品交替
竞争程度	没有	很少	很高	较少
成本	很高	中等	中等 / 高	低
利润	少 / 中等	高	中等 / 高	低
管理风格	重视远景	重视策略	重视经营	重视成本

四、物流新产品开发

1. 物流新产品的概念

物流新产品是指物流企业在市场上首次推出的、能满足物流客户需求的、不同于以往的物流产品。

物流新产品可以是全新的产品，也可以是在以往物流产品基础上的完善和改进。通俗地讲，只要是物流整体产品层次中任何一部分具有创新、变革和改变，就算是物流新产品。

2. 物流新产品开发的程序

物流新产品开发的目的是满足社会和物流客户的需要，因此，企业在新产品开发前要做好市场调研、了解竞争对手的情况、充分考虑客户的要求、清楚自身的条件等情况。在此基础上，开展物流新产品开发工作。物流新产品开发的流程，如图5-8所示。

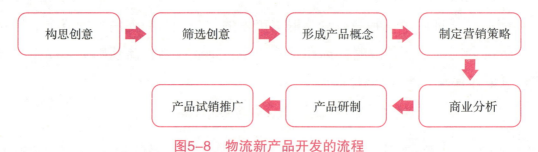

图5-8　物流新产品开发的流程

（1）构思创意。

构思产品创意是开发新产品的第一步。新产品创意可来源于企业内部销售人员、技术人员、物流客户、科研人员、竞争者等。新产品创意是指物流企业有针对性地提出多个新产品构思以及新产品的原理、结构、功能、技术、材料和工艺方面的开发设想。产品创意对新产品能否开发成功至关重要。

（2）筛选创意。

物流新产品创意虽然有很多个，但物流企业并不是把所有产品创意都开发成新产品，而是根据经营目标选择最具盈利性的产品创意。

（3）形成产品概念。

筛选后的物流新产品创意需要形成产品概念，简单地说就是构思创意与消费者需求相结合的过程。

（4）制定营销策略。

了解物流客户对新产品的反应后，物流企业就要不断完善新产品，进行产品定位、制定营销策略。

（5）商业分析。

物流企业分析新产品的预计销售、成本和利润，考察新产品是否能够满足效益目标。

（6）新产品开发。

通过商业分析的新产品才能进入开发阶段。

（7）产品试销和推广。

在市场上试销、推广新产品，根据物流客户反馈进一步完善。

五、物流产品品牌策略

1. 品牌的概念

市场营销学中，品牌是指一个名称、名词、符号或设计，或者是它们的组合，其目的是识别某个销售者或某群销售者的产品或服务，并使之同竞争对手的产品和服务区别开来。

资料卡片

品牌的由来：品牌的英文单词 Brand，源于古挪威文 Brandr，意思是"烧灼"。人们用这种方式来标记家畜等需要与其他人相区别的私有财产。到了中世纪的欧洲，手工艺匠人用这种打烙印的方法在自己的手工艺品上烙下标记，以便顾客识别产品的产地和生产者。这就产生了最初的商标，并以此为消费者提供担保，同时向生产者提供法律保护。16 世纪早期，蒸馏威士忌酒的生产商将威士忌装入烙有生产者名字的木桶中，以防不法商人偷梁换柱。到了 1835 年，苏格兰的酿酒者使用了"Old Smuggler"这一品牌，以维护采用特殊蒸馏程序酿制的酒的质量声誉。在《牛津大辞典》里，品牌被解释为"用来证明所有权，作为质量或其他用途的标志"，主要是用以区别和证明品质。随着时间的推移，商业竞争格局以及零售业形态不断变迁，品牌承载的含义也越来越丰富，甚至形成了专门的研究领域——品牌学。

品牌由品牌名称、品牌标志、商标三部分组成，如图5-9所示。

图5-9　品牌组成

品牌名称是品牌中可以用口语称呼的部分，包括词语、数字、字母或者词组等的组合。例如，顺丰速运、国大36524、TCL。

品牌标志是品牌中可识别但是无法用口语称呼的部分，包括符号、图案、独特的色彩或字体，是一种"视觉语言"，如图5-10所示。

（a）　　　　　　　　　　　　（b）

（c）　　　　　　　　　　　　（d）

图5-10　品牌标志

商标是一个法律术语，是指经过注册受法律保护的品牌或品牌的一部分。

资料卡片

商标和品牌区别：商标是经有关政府机关注册登记并受法律保护的整个品牌或品牌的某一部分，所以品牌与商标是总体与部分的关系，商标是品牌的一个组成部分，所有商标都是品牌，但是品牌不一定都是商标。同时，商标具有区域性、时间性和专用性等特点。

商标是一个法律概念，品牌是一个经济学概念。从归属上来说，商标掌握在注册人手中，而品牌根植于消费者心里。

2. 品牌设计的特点

品牌是物流企业核心价值的体现，是物流产品质量和信誉的保证，是区别物流产品的分辨器。品牌设计的元素有名称、标志、基本色、口号、象征物、代言人、包装等，这些元素组成一个有机结构，是形成品牌概念的基础。品牌设计的特点如图5-11所示。

图5-11　品牌设计的特点

资料卡片

顺丰速运标识设计

顺丰速运标志（图5-12）以红黑为主色调。其中，红色充满激情，展现顺丰人创新进取、充满活力的风貌；黑色内敛冷静，蕴含顺丰人稳健务实的自带风格。红黑二色的结合产生极强的视觉冲击力，充分表达出积极、创新、务实、活力的品牌属性。

S是Service，F是FIRST，是顺丰核心价值观的英文简写，分别取诚信（Faith），正直（Integrity），责任（Responsibility），服务（Service），团队（Team）的首个字母组合而成。

图5-12　顺丰速运标志

3. 品牌策略

（1）统一品牌策略。

统一品牌策略是指企业把经营的所有系列物流产品均使用同一品牌进入市场的策略。

例如，顺丰速运、中外运物流有限公司。

（2）个别品牌策略。

个别品牌策略是指企业根据物流产品的不同，分别采用不同品牌的策略。

例如，中国邮政旗下有6个品牌，如图5-13所示。

图5-13　中国邮政品牌

（3）品牌延伸策略。

品牌延伸策略就是指企业借助市场上已有一定声誉的品牌，推出新产品的策略。

例如，海尔持续聚焦实业，布局智慧住居和产业互联网两大主赛道，建设高端品牌、场景品牌与生态品牌，以科技创新为全球用户定制智慧生活，助推企业实现数字化转型，助力经济社会高质量发展、可持续发展。海尔集团在原有品牌的基础上，推出卡萨帝、亚科雅、斐雪派克高端品牌；三翼鸟场景品牌；卡奥斯、盈康医生、日日顺、海创汇、海纳云生态品牌。海尔集团连续4年作为全球唯一物联网生态品牌蝉联"BrandZ最具价值全球品牌100强"，品牌价值达4 739.65亿元。

（4）多品牌策略。

多品牌策略是指企业针对同一类产品采用两个或两个以上品牌名称的策略。

例如，宝洁公司旗下的洗发水有海飞丝、飘柔、潘婷3种品牌，如图5-14所示。

图5-14　宝洁公司洗发精品牌

（5）品牌兼并策略。

品牌兼并策略是指企业通过兼并其他品牌以获得其他品牌的市场地位和品牌资产，增强竞争力。

例如，吉利控股集团在当地政府协助下收购了很多汽车品牌，目前吉利控股集团拥有和持股的汽车品牌包括吉利汽车、沃尔沃、宝腾、路特斯、伦敦电动车、远程汽车、领克、Polestar、几何汽车。吉利控股集团成为中国首个真正意义上的全球化车企，全球化是中国从汽车大国走向汽车强国的必然之路。

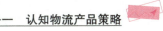

任务实施

根据班级人数将学生分成若干实训活动小组，每组设组长一名，负责安排、协调、督促小组完成实训任务，同时做好实训活动记录。

活动一　分析物流整体产品的层次

根据案例导入中的资料，分析顺丰速运物流整体产品的层次。

步骤一：学习物流整体产品的层次，如表 5-6 所示

表 5-6　物流整体产品的层次

序号	层次	内容
1	物流核心产品	物流基本服务或利益
2	物流形式产品	仓储、运输、装卸、搬运、分拣、加工、配送等环节和方式的组合
3	物流期望产品	质量好、效率高、时间准、处理得当等一组物流产品属性和条件
4	物流附加产品	咨询、技术培训、报关、报检、安装、运送、维修、信贷、物流规划等
5	物流潜在产品	目前还没有现实产品但未来可能发展为最终产品

步骤二：找出顺丰速运经营的主要物流产品

登录顺丰速运网站，在首页查找其物流产品，即物流服务。顺丰速运的物流服务主要有即时配、快递服务、快运服务、冷运服务、医药服务、国际服务等。

步骤三：分析物流整体产品的层次

1. 确定核心产品

客户购买物流产品所获得的基本服务或利益就是物流核心产品。一般来讲，物流企业的主要产品有提供货物储存和保管的仓储服务、运送货物的运输服务、配送服务、供应链全程服务、专项物流服务、一体化物流服务等。从步骤二查出的资料可以看出顺丰速运的物流核心产品是运输服务。

2. 确定形式产品

物流形式产品是物流核心产品借以实现的形式，即物流核心产品的基本效用和利益需要通过物流设备、物流机械技术、物流信息技术、人力表现等具体的形式来实现。顺丰速运的运输车辆、无人机、一站式大数据平台、自动化和机器人、小丰蓝牙耳机等就是其形式产品。

3. 确定期望产品

期望产品是客户在购买物流产品前对所购物流产品的质量等各个方面形成的期望值。顺丰速运提供的顺丰即日、顺丰特快、顺丰标快、同城急送、冷运到店、冷运小票零担、大票

直送、整车直达等物流服务就是满足了不同客户的期望产品。

4. 确定附加产品

物流附加产品是超出客户期望的部分，顺丰速运提供的保价、包装服务、代收货款、保鲜服务、特殊入仓、签单返还、密钥认证、送货上楼等增值服务就是其附加产品。

5. 确定潜在产品

物流潜在产品是现有物流产品演变的趋势和前景，是物流整体产品的最高层次。学生可以进行头脑风暴，尝试为顺丰速运提出潜在产品创意构思。

步骤四：学生讲解任务完成情况

组长抽取序号，并选出一名代表讲解本组的讨论结果。

步骤五：师生点评

每个小组选出一名评委，对任务完成情况进行打分，小组间互评，最后由教师进行点评。

活动二　分析物流产品组合

根据案例导入中的资料，分析顺丰速运物流产品组合。

步骤一：学习物流产品组合

小组学习物流产品组合相关理论知识，理解产品线、产品项目、物流产品组合的长度、宽度、深度和关联性。

步骤二：填写顺丰速运的物流产品组合表，如表 5-7 所示

表 5-7　顺丰速运物流产品组合表

顺丰速运物流产品组合表						
	产品项目					
产品线	即时配	顺丰同城急送	—	—	—	—	—
	快递服务	顺丰即日	顺丰特快	顺丰标快	—	—	—
	快运服务	顺丰卡航	大票直送	整车直达	城市配送	—	—
	冷运服务	冷运标快	冷运到店	顺丰冷运零担	小票冷运零担	冷运仓库	冷运专车
	医药服务	精温专递	精温定航	精温整车	医药仓储	—	—
	国际服务	国际电商专递	国际特惠	国际重货	海购丰运	海外仓	国际标快
	增值服务	代收货款	保鲜服务	包装服务	签单返还	密钥认证	送货上楼
		验货服务	保价	定时派送	装卸服务	安装服务	转寄退回
	附加费服务	超长超重	货物保管	资源调节费	燃油附加费	—	—

步骤三：计算顺丰速运物流产品组合的长度、宽度、深度、平均深度

从步骤二的表中可以看出，物流产品组合有8个产品大类、40个产品项目。

（1）长度：该企业共有40个产品项目，所以物流产品组合长度为40。

（2）宽度：该企业共有8条产品线，所以物流产品组合宽度为8。

（3）深度：不同的产品线，其深度不一样。

产品线即时配共有1个产品项目，所以深度为1。

产品线快递服务共有3个产品项目，所以深度为3。

产品线快运服务共有4个产品项目，所以深度为4。

产品线冷运服务共有6个产品项目，所以深度为6。

产品线医药服务共有4个产品项目，所以深度为4。

产品线国际服务共有6个产品项目，所以深度为6。

产品线增值服务共有12个产品项目，所以深度为12。

产品线附加费服务共有4个产品项目，所以深度为4。

（4）平均深度：长度除以宽度，求出平均深度为5。

步骤四：分析顺丰速运的物流产品组合策略

物流产品组合策略主要有全线全面型策略、市场专业化策略、产品线专业化策略、特殊产品专业型策略。从顺丰速运经营的业务范围看，其主要采用的是市场专业化策略。

任务评价

任务评价表

考评内容	能力评价						
考评标准	具体内容	工资/元				学生认定（40%）	教师认定（60%）
		笔记（20%）	作业（20%）	实训（40%）	测试（20%）		
	整体产品	2 500					
	物流产品组合	2 500					
	物流新产品开发	2 500					
	物流产品生命周期	2 500					
合计		10 000					

考评内容	能力评价				
各组成绩					
小组	工资/元	小组	工资/元	小组	工资/元
教师记录、点评：					

备注：任务考核采用模拟企业工资绩效，用企业绩效管理模式来管理并考核学生的学习过程，实施过程性考核。工资以人民币计算，每100元折合为1分，计算总分时小数点后保留一位数字。

任务二　研究物流产品定价策略

案例导入

顺丰速运针对电商市场及客户推出性价比更高的新产品"特惠专配"，该产品是在推出特惠电商件产品的基础上，再次降低了价格，主要面向1000票以上的客户，票均价格在8~10元。新产品打破原有产品价格局限，以填补价格区间空白，并带动经济产品收入规模及市场占有率的迅速提升，从而完善经济产品体系。"特惠专配"推出后，公司业务量累计增速高达80.7%，显著超过行业18.4%的增速。从业务量增速角度来看，特惠专配产品圆满完成任务。

结合案例，思考问题：

1.分析顺丰速运的定价策略，影响物流产品定价的因素有哪些？

2.结合案例，说一说企业在定价时如何做到遵守市场规律，遵守营销道德规范。

 任务描述

价格始终是市场营销组合中最敏感却又难以控制的因素，直接影响客户对物流产品的需求和企业利润。物流企业在激烈的市场竞争中，应想方设法降低物流成本，对物流产品既科学又技巧地进行定价，以期能够实现销售目标和夺取市场占有率。本次任务主要学习物流产品价格的概念、影响物流产品定价的因素、物流产品定价方法和策略。

知识准备

物流产品定价策略是物流市场营销组合策略的重要内容。在物流市场营销组合中，价格是为物流企业带来收入的唯一因素，它影响着消费者、市场需求、企业利润、供应链上下游节点成员等方方面面的利益。因此，研究物流产品定价的影响因素、方法、策略非常重要。

一、物流产品价格的概念

物流产品价格是指物流企业对特定的业务提供服务的价格。从经济学的角度看，物流产品价格是物流产品价值的货币表现形式。从市场营销学的角度看，物流产品价格根据物流市场需求的变动而变动。

物流产品价格的高低反映物流市场需求变化的快慢，是物流市场营销组合中最灵活的因素，如图5-15所示。

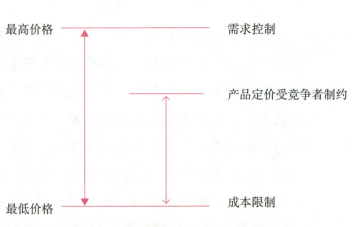

图5-15　价格与影响因素的关系

二、影响物流产品定价因素

影响物流产品定价的因素有很多，如图5-16所示。

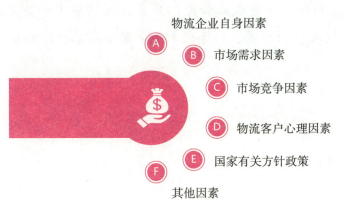

图5-16　影响物流产品定价的因素

1. 物流企业自身因素

（1）物流成本费用；

（2）销售数量；

（3）资金周转；

（4）定价目标。

资料卡片

　　狭义的物流成本是指由于产品在实物运动过程中而产生的运输、包装、装卸等费用。广义的物流成本是指生产、流通、消费全过程中因物品实体与价值发生变化而产生的全部费用。

　　一般可以参考以下四种划分方式来确定物流成本：

　　（1）按物流的功能划分。

　　运输成本，主要包括人工费用，如运输人员工资、福利等；营运费用，如营运车辆燃料费、折旧、公路运输管理费等。

　　仓储成本，主要包括建造、购买或租赁等仓库设施设备的成本和各类仓储作业成本等。

　　流通加工成本，主要有流通加工设备费用、流通加工材料费用、流通加工劳务费用等。

　　包装成本，主要包括包装材料费用、包装机械费用、包装技术费用、包装人工费用等。

　　装卸与搬运成本，主要包括人工费用、资产折旧费、维修费、能源消耗费等。

　　物流信息和管理成本，主要包括物流管理所发生的差旅费、会议费、管理信息系统费等。

　　配送成本，主要包括配送运输费、分拨费、配装费、人工费等。

　　（2）按物流活动范围划分：供应物流费用、生产物流费用、企业内物流费用、销售物流费用、回收物流费用、废弃物物流费用。

　　（3）按支付形式划分：材料费、人工费、租赁费、公益费、维护费、一般经费、特别经费、委托物流费等。

　　（4）按经济形态划分：固定成本和变动成本。固定成本如建筑物、物流设施设备、办公家具折旧费、管理人员的工资、维修成本等。变动成本如燃料费、搬运费、邮寄费等。

2. 市场需求因素

（1）需求的价格弹性；

（2）需求的收入弹性；

（3）需求的交叉弹性。

资料卡片

　　需求弹性就是指收入、价格等因素的变化引起的需求的相应变动率，这一指标对于我们研究市场需求及相应的价格变动规律有重要的作用。一般来说，需求弹性可以划分为需求价格弹性、需求收入弹性和需求交叉弹性三种。需求价格弹性大的产品需求量对于价格的变化有强烈的反应，而需求价格弹性小的产品需求量对于价格的变化反应则要小一些。

3. 市场竞争因素

　　（1）竞争者的物流产品质量；

　　（2）竞争者的物流产品价格和成本。

4. 物流客户心理因素

　　（1）预期心理；

　　（2）认知价值和其他消费心理。

5. 国家有关方针政策

　　（1）行政手段；

　　（2）法律手段；

　　（3）经济手段。

6. 其他因素

　　（1）国际经济状况；

　　（2）通货膨胀；

　　（3）汇率；

　　（4）利率。

三、物流产品定价方法

　　物流产品定价是物流企业在市场竞争中最直接的竞争手段。物流企业必须采用科学的、合理的定价方法，才能制定出既能实现企业营销目标又能满足物流客户需求的物流产品价格。

1. 成本导向定价法

　　成本导向定价法是指以物流产品成本作为定价依据的定价方法。这种定价方法主要是从企业的角度来考虑，具体方法有成本加成定价法、目标利润定价法、边际成本定价法三种。这里主要介绍前两种。

（1）成本加成定价法。

成本加成定价法是一种最简单的定价方法，就是在物流产品单位成本的基础上加上一定比例的预期利润来制定物流产品的价格。

其计算公式为：

$$p=c(1+r)$$

其中：p是单位产品价格；c是单位产品成本；r是成本加成率或预期利润率。

例如，某物流企业的单位产品总成本是120元，预期利润率是20%，求该产品的销售价格。

$$p=c(1+r)$$
$$=120×(1+20\%)$$
$$=144(元)$$

（2）目标利润定价法。

目标利润定价法是一种根据物流企业总成本和总销售量以及所要实现的目标利润来定价的一种方法。

其计算公式为：

$$p=(f+v+m)/q$$

其中：p是单位产品价格；f是固定成本；v是变动成本；m是目标利润；q是预计销售量。

例如，某物流公司3月份计划周转量为4 000千吨/千米，单位变动成本为120元/（千吨·千米），固定成本为15万元，目标利润为20万元，求单位产品价格。

$$p=(f+v+m)/q$$
$$=(150\ 000+120+4\ 000+200\ 000)/4\ 000$$
$$=207.5(元）$$

2. 需求导向定价法

需求导向定价法是指物流企业以物流市场需求的大小和客户对物流产品价值的认知程度为依据确定价格的定价方法。这种定价方法主要是从物流客户需求强度和消费行为的角度来考虑的。具体的方法有：理解价值定价法、习惯定价法、区分需求定价法。

（1）理解价值定价法。

理解价值定价法是指物流企业根据客户对物流产品价值的理解度来制定价格的定价方法。

这是一种客户导向的定价方法。采用这种定价法的依据是客户主观上对物流产品认知价值而非物流成本。不同类型的客户对物流产品在功能、质量、品牌等方面的理解和认知是不一样的。物流企业要正确估计和判断客户能够承受的价值。评估过高或者过低都会给物流企业造成损失。因此，物流企业在定价前要做好市场调研工作。理解价值定价法如图5-17所示。

图5-17　理解价值定价法

（2）习惯定价法。

习惯定价法是指物流企业依照长期被客户接受的价格来定价的一种方法。

在物价稳定的市场上，物流客户常常按照习惯价格购买物流产品。这种习惯价格，在物流行业中较为常见。一般来说，物流企业不会因为物流成本降低而降价，也不会因为物流成本增加而涨价。

（3）区分需求定价法。

区分需求定价法是指物流企业根据客户群体、时间、区域、数量等变化，确定物流产品价格的一种定价方法。

区分需求定价法的关键在于物流市场能够细分，物流企业对各个细分市场的需求差异有着清晰的了解。

探究活动

请想一想，物流企业在为客户提供物流产品时，同一物流产品，针对不同规模的客户，定价一样吗？

同一物流产品对不同规模的客户，定价必然有所差异。例如顺丰速运针对日均超过200票的中小型电商客户，票均单价约为17元；针对日均件量超过300票的客户，票均单价约为15元。针对日均件量1 000票以上的客户，票均价格在8~10元。

例如，DHL国际快递是一家全球性的国际快递公司，提供专业的运输、物流服务，它将228个国家划分为10个区，实行区域定价。

3. 竞争导向定价法

竞争导向定价法是指物流企业以市场竞争状况为依据来制定价格的一种定价方法。

了解竞争对手的产品项目和价格，是竞争导向定价法的关键所在。这种方法体现了市场竞争机制。具体的方法有：随行就市定价法、投标定价法、低于竞争者产品价格定价法、高于竞争者产品价格定价法等。

（1）随行就市定价法。

随行就市定价法是指物流企业以行业内同类产品的平均价格为依据来制定价格的定价方法。通俗地讲，就是物流企业与竞争对手的产品价格保持一致。随行就市定价法如图5-18所示。

图5-18 随行就市定价法

（2）投标定价法。

投标定价法是指由买方公开招标、卖方密封竞标、到期当众开标的方式来确定物流产品价格的一种定价方法。

这种定价方法更多地适用于买方市场，竞标价格是企业能否中标的关键所在。企业在确定其报价时，既要考虑竞争者的报价，尽可能地以低于竞争者的报价赢得中标机会，又要考虑物流成本，尽可能地提高价格为企业赢得利润。投标定价法如图5-19所示。

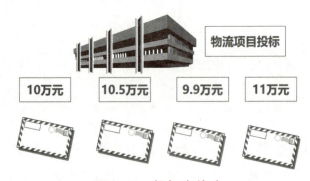

图5-19 投标定价法

例如，某些物流公司的目标客户的一些具体业务都会采用招投标形式，如片区大件取派，库房管理外包等。

（3）低于竞争者产品价格定价法。

低于竞争者产品价格定价法是指物流企业把产品价格定得比竞争对手低的一种定价方法。采用这种方法是因为企业的物流产品成本低于同行业的物流产品成本，或者是因为物流企业实力雄厚，其定价目的是夺取市场占有率。

例如，壹米滴答以低至同行7~8折的价格普惠广大客户，以低价、高质去赢得广大客户的信赖和支持。以北京到杭州为例，300千克货物价格仅为同行的66%，500千克为62%，1吨以上为69%。

（4）高于竞争者产品价格定价法。

高于竞争者产品价格定价法是指物流企业制定的物流产品价格比竞争对手高的一种定价方法。采用这种方法的物流企业能为客户提供特殊的物流产品，或者是高质量的物流产品，或者是该企业有很好的品牌形象。它是物流企业争夺高端物流市场或者特殊物流市场的重要手段。

例如，军事物流、危险品物流、外交信袋物流、鲜活易腐物品物流等特种物流产品的价格一般较高。

四、物流产品定价策略

物流新产品定价策略

物流产品定价策略是物流企业为实现销售目标而采用的一种营销战术。常用的物流产品定价策略有以下几种：

1. 新产品定价策略

（1）撇脂定价策略。

撇脂定价策略是一种针对新产品的高价定价策略，指物流企业在产品刚进入市场时有目的地将价格定得很高，以便在短期内获取相当利润、收回投资的一种定价策略。其名称来自从鲜奶中撇取乳脂，含有提取精华之意。

例如，顺丰航空有限公司推出一款质优价高的新产品。即采用B757-200型全货机开通"迪庆—昆明—深圳"松茸运输航线，这是全国首条专门运输松茸野生菌的全货机航线。新鲜松茸有望在发运后的24小时内快速通达全国60个主要城市，并在48小时内到达全国200余城市，这将最大化保障松茸产品的运输时效与品质。顺丰空运服务如图5-20所示。（资料来源：民航资源网）

图5-20　顺丰空运服务

（2）渗透定价策略。

渗透定价策略是一种针对新产品的低价定价策略，指物流企业在产品刚进入市场时有目的地将价格定得较低，以便在短期内吸引大量物流客户，扩大销售量，提高市场占有率的一种定价策略。

例如，春秋航空股份有限公司作为首个中国民营资本独资经营的低成本航空公司，在定价上始终坚持渗透定价策略。春秋航空推出99元、199元、299元、399元等"99系列特价机票"，通过降低运营成本使票价下降，以对价格比较敏感的商务旅客和旅游观光客作为主要客源市场。

（3）温和定价策略。

温和定价策略是一种针对新产品的介于撇脂定价和渗透定价之间的一种定价策略，指物流企业在产品刚进入市场时制定出既满足客户又能获取利润的一种定价策略。

例如，在西方航空公司中，法国航空公司是首家开辟中国航线的公司，在确定中国航线的机票价格时主要考虑了市场需求、竞争对手和服务内容三个方面。法航认为价格太高或太低都不能推动自身业务的发展，其原则就是必须为乘客提供最优质的服务。例如，北京—巴黎航线配备了可以个人独享的私人电视等，但是机票的价格并没有变化。

新产品定价策略的优缺点，如表5-8所示。

表5-8　新产品定价策略的优缺点

新产品定价策略	优点	缺点	适用条件
撇脂定价策略	迅速获取利润，收回投资，减少风险；树立品牌形象；有较高的调价空间；抑制需求增长过快	不利于市场开拓，增加销量；高利润导致竞争者增多	有购买力较强的物流客户；物流产品具有差别化优势；市场上价格弹性小；市场上无竞争者进入
渗透定价策略	快速打开市场，增加销量；增强竞争力，利于企业长期稳定占领市场；抵御竞争者进入	利润小，投资回收期较长；投资风险大，一旦销量低于预期，物流企业将会遭受巨大损失	产品的市场规模较大，存在潜在的竞争者；产品的需求价格弹性较大，物流客户对价格敏感度较高；有效延缓竞争者的加入
温和定价策略	使物流客户和物流企业同时满意，稳扎稳打，避免承担亏损风险	很难确定双方都感觉满意的价格	适用于普通物流产品，需求弹性适中，销售量稳定增长的产品

2.差别定价策略

差别定价策略是指物流企业销售物流产品时根据不同物流客户、不同季节、不同地点、不同物流服务、不同物流设施设备等因素制定不同价格的策略。

常见的差别定价形式有以下四种：

（1）基于时间的差别定价，物流企业针对不同时间消费同一物流产品分别制定不同的价格。

例如，顺丰速运按时效性进行定价，8小时同城区域当天件，12小时次晨达，24小时次日达，36小时隔日上午达，48小时隔日达、72小时件。客户可以根据需求选择快递服务，时间越短收费越高。

（2）基于物流产品形式的差别定价，物流企业对不同形式的物流产品分别制定不同的价格。

例如，顺丰速运针对整车直达采用客制化定价；针对大票直送、标准零担采用单价及计费重量的计价模式；针对重货包裹采用首重续重计价模式。

（3）基于区域的差别定价，即在不同的地点消费同样的产品收取不同的价格。

例如，顺丰速运针对国内不同区域价格是不同的。广东省内首重12元/千克、续重2元/千克；江苏、浙江等区域首重20元/千克、续重13元/千克；天津、重庆等区域首重20元/千克、续重14元每/千克；甘肃、黑龙江等区域首重20元/千克、续重18元/千克。香港、澳门、台湾首重30元/千克、续重20元/千克。

（4）基于物流客户类型的差别定价，物流企业将同一物流产品以不同的价格卖给不同的物流客户。

例如，物流企业针对大客户与小客户、短期客户与长期客户的定价是不同的。顺丰速运推出了一款专门针对电商大客户的特惠专配产品。包裹不通过顺丰航空而是陆运，相对时效件速度更慢一点，但胜在收费更低。

探究活动

利用互联网选择一家知名物流公司，分析该公司根据不同时间、不同客户、不同物流产品、不同区域制定的价格策略，这种定价策略对物流公司有什么益处？符合市场规律吗？

3. 折扣定价策略

折扣定价策略是指物流企业为吸引物流客户、扩大销售、提高市场占有率而降低物流产品价格的一种定价策略。常见的价格折扣形式主要有以下几种：

（1）数量折扣。

数量折扣是根据物流客户购买物流产品的数量或金额的多少给予不同折扣的定价策略，购买数量越多，金额越大，折扣就越高，成交价格就越低。这种策略既可以按照一次购买计算，也可以按照规定时期内累计购买计算，其目的在于鼓励物流客户一次性大量购买或者重复购买。

（2）现金折扣。

现金折扣是对以现金付款或者提前付清货款的物流客户，按照购买物流产品原价给予一定折扣的定价策略。这种策略旨在鼓励物流客户按期或提前偿付款项，加速物流企业资金周转。

例如，A公司给供应商的折扣优惠远超过同行，B公司对供应的商品平均45天付款，A公司是平均29天付款，这大大激发供应商与A公司建立业务联系的积极性。

（3）季节折扣。

季节折扣是物流企业在经营淡季时给物流客户一定折扣的定价策略。这种策略旨在刺激物流客户提早采购，或在淡季采购。

例如，中远集团集装箱运输在淡季实行低运价，旺季实行高运价，使公司在激烈的航运市场竞争中立于不败之地。

（4）代理折扣。

代理折扣是物流企业给货运代理、船务代理、包装或加工代理商一定折扣的定价策略。折扣的大小因中间商在物流中的不同地位和作用而各异。

4. 关系定价策略

关系定价策略是物流企业基于和物流客户之间的关系而给予一定折扣的定价策略。有长期合同和多购优惠两种方式。前者是吸引物流客户与自己建立长期合作关系，后者是物流企业为了促销，对物流客户承诺一次请求两个或两个以上的物流服务项目时所给予的优惠政策。

例如，中外运物流有限公司作为提供汽车物流一体化解决方案的全产业链综合物流服务商，长期为宝马、奔驰、北汽、吉利、德尔福、大陆、固特异、韩泰等众多国内外一线汽车相关品牌持续提供全方位、高质量、定制化的供应链服务，在服务定价上采取各种优惠策略。

5. 心理定价策略

心理定价策略是物流企业研究客户的心理需求，利用其对价格的感受来制定价格的一种定价策略。声望定价和招徕定价都属于这种策略。

声望定价是指物流企业利用物流客户仰望企业的良好声望所产生的某种心理来制定比同行市价较高的价格策略。这种定价策略的核心是"以声望定高价，以高价扬声望"。

招徕定价是指物流企业利用物流客户的求廉心理来制定比同行市价较低的价格策略。这种策略的核心是用低廉的价格吸引物流客户的眼球。

探究活动

请查找三家快递公司关于价格竞争的相关新闻、资料，总结价格竞争情况，各个公司采取了哪些应对策略。

任务实施

根据班级人数将学生分成若干实训活动小组，每组设组长一名，负责安排、协调、督促小组完成实训任务，同时做好实训活动记录。

活动　分析顺丰速运的定价策略

步骤一：学习物流产品定价策略

小组学习新产品定价策略、差别定价策略、关系定价策略、折扣定价策略、心理定价策略，深入理解不同定价策略的区别。

步骤二：登录顺丰速运网站，查找与定价相关的新闻、资料

步骤三：分析顺丰速运的定价策略

1. 差别定价策略

顺丰速运在全国实行的是统一的收费标准，公司对快递收取的费用如下：①广东省内：首重12元/千克、续重2元/千克。②江苏、浙江等地，首重22元/千克、续重13元/千克。③天津、重庆、安徽等地首重22元/千克、续重14元每/千克。④甘肃、黑龙江等地首重22元/千克、续重18元/千克。⑤香港、澳门、台湾首重30元/千克、续重20元/千克。

顺丰速运寄单件收费标准：同城10元，省内12元，省外20元（均为首件起步价，如果超重会加2～5元不等的续重费）。计费重量单位：特快专递行业一般以每0.5千克为一个计费重量单位。

顺丰速运是按照按重量以及距离收费的，省内件一般1千克之内15元左右，每超出1千克另加2～5元，省外件一般起步价（1千克以内）18元，每超出1千克加6～8元。各地略有不同。

顺丰速运针对整车直达采用客制化定价；针对大票直送、标准零担采用单价及计费重量的计价模式；针对重货包裹采用首重续重计价模式。

2. 折价折扣定价策略

顺丰速运针对日均超过200票的中小型电商客户，票均单价约为17元；针对日均件量超过300票的客户，票均单价约为15元；针对日均件量1 000票以上的客户，票均价格在8～10元。

3. 新产品定价策略

近两年，顺丰不断开发物流新产品。例如，顺丰航空开通了首条美洲全货运航线"深圳—杭州—洛杉矶"；顺丰国际开通了"深圳—洛杉矶""深圳—曼谷"定期全货机航线。

4. 心理定价策略

顺丰速运作为快递行业的品牌，其物流产品价格与同行业比较，相对较高。

任务评价

任务评价表

考评内容	能力评价						
考评标准	具体内容	工资/元				学生认定（40%）	教师认定（60%）
		笔记（20%）	作业（20%）	实训（40%）	测试（20%）		
	物流产品价格的概念			2 000			
	影响物流产品定价的因素			2 000			
	物流产品定价方法			2 000			
	物流产品定价策略			2 000			
	物流产品定价流程			2 000			
	合计			10 000			
各组成绩							
小组	工资/元	小组	工资/元		小组	工资/元	
教师记录、点评：							

备注：任务考核采用模拟企业工资绩效，用企业绩效管理模式来管理并考核学生的学习过程，实施过程性考核。工资以人民币计算，每100元折合为1分，计算总分时小数点后保留一位数字。

任务三　制定物流产品促销策略

案例导入

宝供物流集团为了在物流业激烈的竞争中占得先机，做了大量的社会性工作，如与北京工商大学合作；每年召开一次"物流技术与管理发展高级研讨会"；设立面向物流领域的公益性"宝供物流奖励基金"；每年出资100万元用于奖励对中国物流业发展做出贡献的团体和个人；等，通过这些活动，宝供对自身进行了良好的促销和宣传。

结合案例，思考问题：

1.结合案例分析物流企业常用的促销方法和策略。

2.如何弘扬诚信经营、克己奉公、重诺守约的优秀品质，增强服务社会的责任感和使命感，具备经世济民的企业家精神，传承中华儒商文化？

任务描述

促销既是沟通企业与消费者之间信息的桥梁，又是企业销售产品、扩大市场份额的重要手段。物流企业也不例外。通过制定促销方案、实施促销策略，达到刺激物流客户需求、销售物流产品、提高市场占有率、树立企业品牌形象的目的。本任务主要学习物流产品促销的概念，以及物流产品人员促销、广告宣传、公共关系、营业推广四种促销策略。

知识准备

物流产品促销策略是物流市场营销组合的基本策略之一，是提高物流企业运营效益、培养物流企业信誉、宣传核心竞争力的必备手段。

物流产品促销概念和方式

一、物流产品促销的概念

物流产品促销是指物流企业通过多种措施和手段，把物流产品的内容、方式、特色、价位等有用信息传递给物流客户的一种综合经营活动。

由于物流产品的本质是物流服务，因而物流产品促销的显著特点是无形服务的有形化。

例如，物流企业宣传自身的仓储技术与设备，配送技术与设备，运输技术与设备，供应链规划设计方案等有形技术。通过这些有形化的宣传，物流客户能够全方位地了解所购买的物流产品，产生购买欲望并成为企业的忠诚客户。

探究活动

请想一想，物流企业需要开展促销活动吗？在生活中，你见过物流企业所做的哪些促销活动？

二、物流产品促销组合策略

物流产品促销组合方式，如图5-21所示。

图5-21 物流产品促销组合策略

1. 人员推销

（1）物流人员推销的概念。

物流人员推销是指物流企业的推销人员向物流客户直接进行的宣传介绍物流产品的活动，使物流客户采取购买行为的促销方式。

人员推销的三要素是推销员、推销对象、推销产品，本质属性是说服。

人员推销是一项专业性和技术性很强的工作，要求推销员具备良好的沟通能力、业务素养和心理素质。在促销的过程中，人员推销展现出独特的销售特点：信息沟通的双向性、促销方式的灵活性、沟通对象的针对性、销售过程的情感性、物流企业获取信息的及时性。作为最古老、最传统的促销方式，人员推销以其独特的优势成为物流促销组合中最不可缺少的促销方式，依然在现代物流企业市场营销中发挥着重要作用。

（2）物流人员推销的流程。

人员推销流程如图5-22所示。

图5-22　人员推销流程

①甄选客户。

发现物流客户线索，甄选有消费需求和购买力的物流客户是人员推销的第一步工作。寻找物流客户线索的方法有很多，如地毯式访问法，连锁介绍法，中心开花法，个人观察法，广告开拓法，市场咨询法，资料查阅法，大数据定位法等。

②推销准备。

知己知彼，百战不殆。推销员在约见物流客户前要做好充分的准备工作。关于目标物流客户的经营范围、经济实力、需求状况、决策权，甚至性格爱好等资料都要尽可能详细了解，这样才能精准制定出促销方案。

③推销接近。

接近物流客户时，要注意礼节、沟通方式，争取创造一个良好的洽谈开端。

④推销洽谈。

推销洽谈是一个双向沟通的过程，推销员一要运用各种推销技巧来宣传物流产品的特点和优势，让物流客户明白购买该物流产品后自己能获得哪些利益；二要通过洽谈更好地了解客户对物流产品的要求。

⑤处理异议。

在推销过程中，双方异议在所难免。作为推销员，要具备处理异议的能力，灵活运用处理异议的技巧、方法，想方设法解决成交前的障碍，实现双赢。

⑥缔结合约。

推销员要识别成交信号，抓住时机，促成双方达成交易。

⑦售后服务。

做好售后服务工作，增强物流客户忠诚度，获得各种信息反馈。

（3）物流人员推销的策略。

物流人员推销策略有很多种，常用的有以下三种，如图5-23所示。

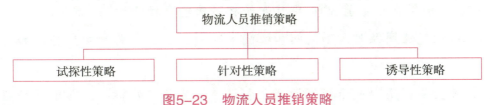

图5-23　物流人员推销策略

①试探性策略。

推销员在不了解客户需求的情况下，使用正确的刺激性语言、行动对物流客户进行试探，激发其购买欲望，同时观察其反应，抓住时机达成交易。这种策略适合上门推销和电话推销。

②针对性策略。

推销员在事先了解客户需求的情况下，使用针对性的语言、行动宣传和介绍物流产品，引起物流客户共鸣，从而推动交易的达成。这种策略的关键点是推销员是否能够获得物流客户的信任感。

③诱导性策略。

推销员站在物流客户的立场上，通过交谈，激发客户对物流产品的需求和兴趣，再介绍本企业的物流产品如何满足这种需求，从而促成购买行为的发生。这种策略要求推销员有较高的推销技术，在"不知不觉"中成交。

探究活动

> 开展一场物流企业促销活动，全班学生分成若干小组，各组选出准备促销的物流产品，运用恰当的促销策略，分角色扮演促销人员进行促销。

2. 广告宣传

（1）物流广告的概念。

物流广告是指物流企业通过各种付费传播媒体把物流产品等信息传递给目标客户和社会公众的非人员促销方式。

资料卡片

广告的历史

广告是商品经济的产物，自从有了商品生产和交换，广告也随之产生。世界上最早的广告是通过声音进行的，叫口头广告，又称叫卖广告，这是最原始、最简单的广告形式。商标字号也是古老的广告形式之一。

有着五千年文明历史的中国，在漫长的历史发展中，也出现了形式简单但富有民族特色的广告活动。

实物广告：中国早在公元前3000年就开始有了物物交换活动，这就是原始的实物广告。

叫卖广告：在兜售商品时，通过叫卖吆喝来吸引买主，称为叫卖广告。如卖油翁一边敲梆子，一边吆喝"卖油啰"。

招牌：招牌主要指用以表示店铺的名称和记号，又称"店标"，其中有横招、竖招、墙招、坐招等，把字号题写在门、柱、屋檐、墙壁或柜台上。招牌形式比较固定，但文词各有千秋，如北京"全聚德""六必居""同仁堂"等。

幌子：主要表示商品不同类别或不同服务项目，又称为"行标"，可分为形象幌、标志幌和文字幌。

近现代之后相继出现报刊广告、广播广告、霓虹灯广告、路牌广告、橱窗广告、电视广告、网络广告等。

（2）物流广告的作用。

①传递信息，沟通产需；

②刺激需求，促进销售；

③介绍产品，指导消费；

④树立企业信誉和产品形象。

（3）物流广告的策略。

广告策略是企业重要的促销方式，物流企业也不例外。在广告信息传播的过程中，常常采用一定的手段与方法。物流企业确定广告策略的步骤有以下几个方面：

①确定广告目标。

物流企业在制定广告策略时，首先要确定广告目标。企业的战略、经营目标不同，广告目标也不一样。从物流产品促销的角度讲，广告目标分三类（表5-9）。

表5-9　广告目标分类表

广告目标分类	作用	适用阶段
告知性广告目标	将物流产品等相关信息告知目标客户和社会公众	投入期、成长期
说服性广告目标	通过说服性宣传促使目标客户和社会公众购买物流产品	成长期、成熟期
提示性广告目标	保持目标客户和社会公众对物流产品的记忆	成熟期、衰退期

②选择广告媒体。

广告媒体是广告信息传递的载体，是支撑广告活动的物质技术手段。广告媒体有报纸、杂志、广播、电视、网络、户外、邮寄等，如图5-24所示。

（a）报纸广告　　　　　（b）杂志广告

图5-24　广告媒体

（c）广播广告

（d）电视广告

（e）网络广告

（f）户外广告

图5-24　广告媒体（续）

各种媒体的特点各不相同，物流企业应根据物流产品的特性、目标客户接触媒体的习惯、媒体的传播范围及费用等因素来选择恰当的广告媒体。常用媒体主要特点如表5-10所示。

表5-10　常用媒体主要特点

媒体种类	覆盖面	可信度	受众精准度	信息容量	制作费用	吸引力
报纸	广	高	低	大而全	较低	一般
杂志	较窄	低	高	大而全	较低	好
广播	广	较高	中	较小	低廉	较差
电视	广	较低	低	一般	很高	好
邮寄	很窄	较低	高	大而全	高	一般
户外	很窄	较低	低	较小	第	较好
网络	广	较高	低	大而全	高	一般

③决定广告预算。

为了保证广告宣传活动的顺利实施，物流企业必须在一定时间内，对广告宣传活动所需经费总额、使用范围、分配方法做好预算。物流产品生命周期阶段、广告频率、市场份额、竞争者、物流产品替代性等因素都会影响企业的广告预算。常用的预算方法有销售额百分比法、竞争对抗法、目标达成法、利润百分比法、量力而行法等。某物流公司广告预算分配方案如表5-11所示。

表 5-11　某物流公司广告预算分配方案

项目名称：			费用单位：			计划日期：					
预算名目	第一季度			第二季度			第三季度			第四季度		
	1	2	3	1	2	3	1	2	3	1	2	3
咨询、调研费												
创意设计												
制作费												
媒体发表												
促销手段												
公关新闻												
代理服务费												
管理费												
其他												
合计												

④确定广告信息。

广告信息的质量直接关系到广告效果。物流企业要对广告主题、广告正文、广告画面等信息进行评价和筛选，确定信息的表达方式和形式。好的广告设计能够引起客户的兴趣、欲望、购买行为。

⑤评价广告效果。

评价广告效果是物流广告策略的最后一步。一般来讲，物流企业通过广告传播效果和广告销售效果两个方面进行评价。

探究活动

请尝试为某物流公司制作一则公益广告，形式不限，可以是一个故事、一幅画、一个场景等。

3. 营业推广

（1）物流营业推广的概念。

物流营业推广是指物流企业采取除人员推销、广告、公共关系以外能够迅速刺激需求、鼓励购买的各种促销形式。相对于其他促销方式，物流营业推广呈现出推销形式灵活多样、短期推销效益明显、非规则性和周期性的特点。

（2）物流营业推广的作用。

①有效刺激客户消费需求和购买行为；

②加速物流新产品进入物流市场；

③抵抗竞争者的促销活动；

④实现物流企业营销目标。

（3）物流营业推广的策略。

物流企业在制定营业推广策略时要考虑推广规模、对象、方式、时机、费用等因素带来的影响。

①决定营业推广的规模。

营业推广规模大小必须符合物流企业目标市场的需求，并根据营业推广收入与促销费用之间的效应关系来确定。

②确定营业推广的对象。

营业推广对象可以是目标市场中的全部，也可以是其中一部分。只有知道推销对象是谁，才能制定精准的具体推销方案。

③选择营业推广的方式。

每一种营业推广方式对中间商或最终物流用户的影响程度不同，费用多少也不同，物流企业应选择既能节约推广费用，又能收到预期效果的营业推广方式。营业推广的方式如表5-12所示。

表5-12　营业推广的方式

分类	营业推广的方式
对最终物流用户的营业推广方式	赠送促销、购买奖酬、特价品促销、试用、参与促销、会议促销、包装促销、抽奖促销、包退包换、义卖、现场演示、折价券、联合推广等
对中间商的营业推广方式	批发折扣、推销奖励、经销补贴、扶持零售商、商品陈列设计、陈列津贴、推广资助、联营专柜、广告津贴、发放刊物、邮寄宣传品、展览会、博览会等
对推销员的营业推广方式	推销竞赛、优胜重奖、高额补助、超额提成红利、利润分成、精神鼓励等

④确定营业推广的时机。

实施营业推广的时机要恰当、时间要适当，否则起不到营业推广的效果。

⑤估算营业推广的费用。

估算物流企业营业推广成本，并与推广效益进行比较。

⑥评价营业推广的效果。

常用的营业推广评价方法有两种：一是阶段比较法，即把推广前、中、后的销售额和市场占有率进行比较，从中分析营业推广产生的效果。二是跟踪调查法，即在推广结束后，了解有多少消费者能知道此次营业推广，有多少消费者受益，以及此次推广对消费者今后购买的影响程度等。

4．公共关系

（1）物流企业公共关系的概念。

物流企业公共关系是指物流企业在从事物流市场营销活动中正确处理企业与社会公众的关系，以便树立物流企业的良好形象，从而促进物流产品销售的一种促销活动。

公共关系是由组织、公众、传播三要素构成的，如图5-25所示。公共关系的主体是社会组织，客体是社会公众，联结主体与客体的中介环节是信息传播。

图5-25 公共关系三要素

（2）物流企业公共关系的作用。

公共关系的本质是"内求团结，外求发展"，在物流产品促销组合中长期发挥着重要作用。

①有利于物流企业树立品牌形象；

②建立物流企业与客户之间双向信息沟通；

③化解物流企业声誉风险与危机；

④提供物流企业决策参考。

探究活动

选择一家知名物流企业，登录其网站，找出该企业采取的具体公关措施并分析其作用。

（3）物流企业公共关系的策略。

物流企业制定公共关系策略主要包括以下几个方面：

①确立公关目标。

认知度、美誉度、和谐度是物流企业进行公关活动的主要目标。认知度是物流企业被社会公众认识、知晓的程度；美誉度是物流企业被社会公众称赞、赞誉的程度；和谐度是物流企业被目标公众认可、情感亲和、行为合作的程度。

②选择公关内容和方法。

物流企业要根据公关活动的目的来选择内容和具体公关策略。公共关系推广策略如表

5-13所示。

表5-13　公共关系推广策略

内容	具体方式
通过新闻媒介传播企业信息	有关物流企业或物流产品的新闻发布会
参加各种社会活动	事先通过各种渠道搜集问题，从而具有更强的针对性
赞助各项公益活动	赞助希望工程和体育事业
编写各种宣传资料	编制物流公司的年度报告、业务通信和期刊、幻灯片等宣传资料
举办各种主题活动	举行有关物流产品和技术展示会、研讨会
建立企业统一标志体系（CIS）	确定一个统一的标志体系，主要包括三个层面，即理念标识、行为标识和视觉标识

③实施公关计划。

物流企业根据公关目标，选择恰当的媒体，设计好传播内容，按计划实施公关活动。

④评估公关效果。

评估公关效果是为了总结经验，调整下一步工作计划。物流企业可以从定性和定量两个方面评估。定量如理解程度、抱怨者数量、新闻报道量、赞助活动次数等，也可采用自我评定法、专家评定法、实施人员评估法。

任务实施

根据班级人数将学生分成若干实训活动小组，每组设组长一名，负责安排、协调、督促小组完成实训任务，同时做好实训活动记录。

活动一　撰写促销活动方案

【设置情景】随着快递市场竞争的加剧，各家快递公司的促销活动开展得如火如荼。每到节日各种促销活动层出不穷，你们公司拟在"国庆"期间针对客户实施一个重大的促销活动。请你撰写此次促销活动的方案。

步骤一：学习促销活动方案的写作格式

一份完整的促销活动方案包括标题、目的、主题、时间、地点、对象、内容。

步骤二：利用互联网查找促销活动方案的范文

略

步骤三：撰写促销活动方案

1.促销活动标题

（关于）×××产品×××节日（活动）促销方案；

（关于）×××服务×××节日（活动）促销方案。

2. 促销活动目的

一般来讲，针对物流客户的促销目的有以下几个方面：①增加销量、扩大销售；②吸引新客户、巩固老客户；③树立企业形象、提升知名度；④应对物流市场竞争。促销目的要根据企业要求和市场状况来确定。

3. 促销活动的主题

促销活动主题是方案设计的核心、中心思想。主题明确，促销活动的定位才会准确。主题必须服务于物流企业的营销目标，针对特定的促销，迎合物流客户的心理需求，引起共鸣。主题语要突出诉求点，个性鲜明，简明易懂。例如，迎战"双十一"顺丰保驾护航。

4. 促销活动对象、时间、地点

确定本次促销活动的目标客户群体，哪些是促销的主要目标，哪些是次要目标。促销时间和地点的选择也很重要，直接影响到此次促销活动的成功与否。

5. 促销活动的内容和方式

对促销活动进行具体描述，例如满减促销、打折促销、赠品、购买奖酬、特价品促销、试用、参与促销、会议促销、包装促销、抽奖促销、包退包换、义卖、现场演示、折价券、联合推广等。

6. 促销活动预算

对促销活动的费用投入和产出应做出预算。

活动二　广告创意训练

为提高学生的创新思维，提升遇到问题时能具有多角度思维能力，学会转换思维的技巧，改变思维定势，根据需要从下列活动中任意选择创意训练活动对学生进行创新思维训练。

训练1：请你口述自己童年时期所做的最具创造力或最具幽默感的一件事。

训练2：请从下列意象中随意抽取三个，用独特的有意义的话串联成短文。

飞鸟、向日葵、风筝、鱼、创可贴、刺猬、沙漠、书、风笛、玫瑰、咖啡馆、派克笔、石头、伞、罗马表、郁金香、鹦鹉。

训练3：广告创意思维导图。

确定一个主题词，以此为中心展开联想，一环扣一环的延展，与湖南卫视《快乐大本营》中的一个游戏环节"快乐传真"相似。各种创意思维方式有：联想思维、逆向思维、发散思维……

训练4：播放经典广告片，分析广告语、广告主题、广告画面、广告创意、广告诉求点、广告表现。

训练5：为某物流企业或物流产品写一份广告创意脚本。

活动三　召开新闻发布会

步骤一：设置情景

教师给每个小组设置不同的物流企业危机事件情境。例如，物流客户投诉、运输过程中发生交通事故或船舶碰撞事件、包装环节发生问题、装卸搬运环节发生问题、仓储环节发生问题等危机事件。

步骤二：准备材料

（1）每个小组抽签确定本公司发生的危机事件。

（2）每个小组根据危机事件准备召开新闻发布会的材料。

（3）每个小组以媒体记者的身份准备向其他公司提问的材料。

步骤三：新闻发布会

（1）各小组召开新闻发布会，介绍危机事件概况，说明召开新闻发布会的原因。

（2）其他小组以媒体记者的身份提问，每个小组最多可以提问三个问题。

（3）召开新闻发布会的小组成员回答其他小组的问题，有主回答人员，其他人可以做补充。

步骤四：总结发言

小组代表总结本次新闻发布会的得失。

任务评价

任务评价表

考评内容	能力评价						
	具体内容	工资／元				学生认定（40%）	教师认定（60%）
		笔记（20%）	作业（20%）	实训（40%）	测试（20%）		
考评标准	物流产品组合策略	2 000					
	人员推销策略	2 000					
	广告宣传策略	2 000					
	公共关系策略	2 000					
	营业推广策略	2 000					
合计		10 000					

续表

考评内容	能力评价				
	各组成绩				
小组	工资/元	小组	工资/元	小组	工资/元
教师记录、点评：					

　　备注：任务考核采用模拟企业工资绩效，用企业绩效管理模式来管理并考核学生的学习过程，实施过程性考核。工资以人民币计算，每100元折合为1分，计算总分时小数点后保留一位数字。

任务四　实施物流产品分销渠道策略

案例导入

　　在新经济形式下，未来整个物流行业，智慧和智能物流发展的趋势已经不可阻挡。为迎合互联网经济发展形势与物流行业信息化的发展趋势，安得物流股份公司制定了"全网直配，运联天下"的战略目标。实现全渠道配送体系将成为物流企业的硬实力。

　　全渠道配送体系就是做一个"全网直配"的标准产品，能够形成覆盖全国100千米以内24小时、200千米以内48小时的标准化配送网络，这个标准网络是由全国86个物流中心形成节点，首先形成省内对流，再形成全国对流。未来的物流是线上线下库存、配送实时共享、渠道管理共享的状态，真正实现全渠道物流融合。

　　结合案例，思考问题：

　　1.查阅安得物流股份公司相关资料，了解其物流产品渠道模式、系统、选择因素、策略，同传统的渠道相比有什么变化。

2.物流企业如何贯彻新发展理念，深入推进营销改革创新？员工怎样才能坚定理想信念，增强锐意进取的能力？

任务描述

物流企业销售的产品是物流服务，这就决定了其分销渠道与有形产品的分销渠道不太一样。物流企业通过构建渠道和实施渠道策略，以最低的物流成本、最经济的物流方式把物流产品送达客户手中。本任务主要学习物流产品分销渠道的概念、影响物流产品分销渠道选择的因素、物流产品分销渠道选择和策略。

知识准备

物流产品分销渠道策略是物流市场营销组合策略的重要组成部分，同物流产品策略、物流产品价格策略、物流产品促销策略相辅相成。选择合理的物流产品分销渠道，能够有效降低物流企业成本，提高市场竞争力。

物流产品分销渠道

一、物流产品分销渠道概述

1.物流产品分销渠道的概念

物流产品分销渠道是指物流企业的产品从物流商向物流客户转移过程中取得产品所有权或协助转移产品所有权的所有组织或个人。通俗地理解，就是物流企业将物流产品通过一定的方式，送交物流客户的过程，实施这一过程的通道就是物流产品分销渠道。物流产品分销渠道如图5-26所示。

图5-26　物流产品分销渠道

一般来讲，物流产品分销渠道主要包括运输企业、货主、仓库、货运场站以及各种中间商和代理商。这一渠道的起点是物流企业，而终点则是物流客户，其余的参与者都是中间环节，主要是为完成物流活动而进行货源组织的各种中间商。具体来讲，中间商是有作为一级独立经营组织的车站、码头、机场、港口等场站组织；航运代理、货运代理、航空代理、船务代理以及受物流公司委托的揽货点等代理商；铁路、公路、水路、航空运输公司等联运公司。

资料卡片

商人中间商与代理中间商

商人中间商又称为经销商，包括批发商和零售商。如一些国际大型海运公司根据属地便利、重点客户分布等原则，将一些航线委托给当地具有一定实力的企业全权经营。

代理中间商一般分为以下几种：

1. 企业代理商：是受生产企业的委托签订销货协议，在一定区域内负责代理销售企业产品的中间商。

2. 销售代理商：是指和许多生产企业签订长期合同，为这些生产企业代销产品。

3. 寄售商：是生产企业根据协议向寄售商交付产品，寄售商销售后将所得货款扣除佣金及有关销售费用，再支付给生产企业。

4. 经纪商：指既不拥有产品所有权，又不控制产品实物价格以及销售条件，只是在买卖双方交易洽谈中起中介作用的中间商。

5. 采购代理商：指与买主建立长期关系，为买主采购商品，并提供收货、验货、储存、送货等服务的机构。

2. 物流产品分销渠道的模式

（1）按物流企业与物流客户之间是否有中间商介入划分为直接渠道和间接渠道。

①直接渠道。直接渠道也叫零层分销渠道，指物流企业直接把物流产品销售给物流客户，没有任何中间商介入的分销渠道，如图5-27所示。

图5-27 直接渠道

②间接渠道。间接渠道就是物流企业通过中间商来向物流客户销售物流产品的分销渠道，如图5-28所示。

图5-28 间接渠道

（2）按物流产品分销渠道中间环节层次的多少划分为长渠道和短渠道.

物流产品分销渠道的长度是指物流产品流通过程中所经过的不同层次中间环节的多少。显然，中间环节越多，渠道就越长，即称为长渠道；中间环节越少，渠道就越短，即称为短渠道。物流产品分销长短渠道，如表5-14所示。

表 5-14　物流产品分销长短渠道

渠道级别	渠道结构
零级渠道	物流企业→最终物流客户
一级渠道	物流企业→中间商1→最终物流客户
二级渠道	物流企业→中间商1→中间商2→最终物流客户
多级渠道	物流企业→中间商1→中间商2→中间商 n →最终物流客户

（3）按物流产品分销渠道中同一层次使用中间商数量的多少划分为宽渠道和窄渠道。

物流产品分销渠道的宽度是指渠道的同一个层次中间环节使用同种类型中间商数目的多少。同一层次中间商数量越多，渠道就越宽，即称为宽渠道；中间商越少，渠道就越窄，即称为窄渠道。窄渠道如图5-29所示，宽渠道如图5-30所示。

图5-29　窄渠道

图5-30　宽渠道

二、物流产品分销渠道选择

1. 影响物流产品分销渠道选择的因素

影响物流产品分销渠道选择与设计的因素很多，并且呈现出明显的多维度特征，具体如表5-15所示。

表 5-15　影响物流分销渠道的因素

影响因素	因素细分	零渠道或短渠道	长渠道
物流市场因素	货主数量	少	多
	服务区域分布	小	大
	服务耗时	少	多
	季节性	淡季	旺季

续表

影响因素	因素细分	零渠道或短渠道	长渠道
物流标的因素	货品属性	特种品	普通品
	货品单位价值	高	低
	货品标准化程度	低	高
	物流技术要求	复杂	简单
物流企业因素	企业规模与声誉	大和高	小和低
	财务能力	强	弱
	对渠道控制的愿望	强	弱
	营销管理能力	强	弱
	对终端客户的控制愿望	高	低
中间商因素	是否容易找到中间商	否	是
	渠道设置的成本	高	低

2. 选择物流产品分销渠道

（1）直接渠道与间接渠道的选择。

渠道模式不同，其特点也不同。物流企业要根据经营战略目标、经济实力、物流产品特点、竞争环境等因素，选择设计最适合自己的渠道模式。物流产品分销直接渠道与间接渠道特点如表5-16所示。

表 5-16　物流产品分销直接渠道与间接渠道特点

渠道模式	特点
直接渠道	保证快速服务，第一时间了解物流客户需求，但是需要构建完善的销售网络
间接渠道	扩大物流产品销售范围，但是需要加强对代理人的监管

（2）分销渠道长度的选择。

物流企业在选择分销渠道长短时，应综合分析物流产品的特点、物流技术含量、中间商的情况以及竞争者的特点，还要充分考虑到物流客户的需求，提高个性化服务能力。物流产品分销长短渠道特点如表5-17所示。

表 5-17　物流产品分销长短渠道特点

渠道模式	特点
长渠道	中间商承担分销渠道职能多，信息传递慢，流通时间长，物流企业对渠道的控制力弱
短渠道	物流企业承担分销职能多，信息传递快，销售及时，物流企业能有效控制渠道

（3）分销渠道宽度的选择。

物流企业在选择分销渠道宽度时，有三种可供选择的方式。物流产品分销宽窄渠道特点如表5-18所示。

表 5-18   物流产品分销宽窄渠道特点

方式	特点	优势	劣势
广泛分销	物流商广泛地利用大量中间商经销物流产品	可以充分利用不同代理点的资源和能力，货源面广	中间商往往同时经销其竞争对手的同类产品，导致渠道难以控制
选择性分销	物流商在一定的市场或区域内选择少数几家中间商销售物流产品	有利于培植物流企业与中间商的关系，提高渠道的运转效率；有利于保护物流产品在用户中的声誉，物流商对渠道能够有适度的控制	削弱分销能力，使分销网络的完善程度受到影响。分销风险集中
独家分销	物流商在一定的市场区域内只择优确定一家中间商销售物流产品	有助于物流商有效扩大在特定区域内的市场竞争力。	独家分销就意味着在一定区域内营销的点少面窄，会对拓展客户资源造成影响，各类风险高度集中

三、 物流产品分销渠道策略

1. 物流产品分销渠道系统

物流产品分销渠道系统是渠道成员采取不同程度的联合或一体化经营而形成的渠道网络系统，是物流运作一体化的产物，如图5-31所示。

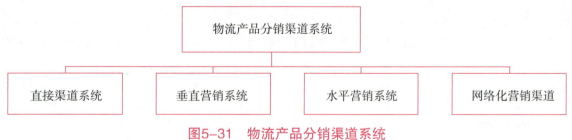

图5-31   物流产品分销渠道系统

（1）直接渠道系统。

传统的直接营销渠道就是上门推销，随着营销理论和现代科学技术的发展，现代直接营销渠道的内容也日益广泛，常用的几种渠道如图5-32所示。

图5-32　直接渠道系统

你见过这几种直接营销渠道吗？请举例说明。

（2）垂直营销系统。

垂直营销系统是指物流企业与中间商组成的统一营销渠道系统，由具有相当实力的物流企业作为牵头组织者。这种垂直营销系统便于物流企业统一支配、集中管理，其主要形式有公司式、管理式和合同式。

①公司式垂直营销系统。由一家物流企业拥有和统一管理若干个分公司和中间商来控制整个分销渠道。

大型物流企业往往使用总公司与分公司的形式，由总公司集权运作，对分公司进行垂直管理。

例如，中邮物流公司的分销渠道就是一种典型的公司型垂直营销系统，它在全国各地设立了许多分支机构，可以直接利用其邮政系统遍布城乡的网络优势，采用配送加分销的模式来为客户提供服务，尤其在农村地区优势更为明显，利用下属遍布全国的五万多处邮政支局所，直接将农资产品分销到农户。

②管理式垂直营销系统。由一个在行业内处于领先地位的物流企业组织管理和协调物流过程的各个环节，统筹管理整个货源的组织和运输存储的渠道系统。

例如，京东物流以其品牌、规模、管理经验的优势，出面协调与其合作企业的经营政策，采取一致行动。

③合同式垂直营销系统。由不同层次的独立的物流企业和中间商在物流过程中组成，以合同、契约等形式为基础建立的联合经营形式，目的在于获得比单打独斗时更多的综合收

益。例如，一个中间商同时代理多家物流企业的业务，或物流企业同时授予多个代理企业代理权。

（3）水平营销系统。

水平营销系统由两个或两个以上的物流企业联合组成的营销渠道系统，相互利用各自的资金、技术、运力和网络等优势共同开发和利用物流市场机会。

例如，上海集装箱船务有限公司是由中远集团和长航集团共同组建的，它的成立使长江中下游干线与上海始发的国际干线相连，为中远集团增强其在国际航运市场上的竞争力起到了重要作用。

（4）网络化营销系统。

网络化营销系统是垂直营销系统和水平营销系统的综合体。当某一企业物流系统的某个环节同时又是其他物流系统的组成部分时，以物流为联系的企业关系就会形成一个网络关系，即为物流网络。这是一个开放的系统，企业可以自由地加入或退出。物流网络能发挥规模经济作用的条件是物流运作的标准化、模块化。

例如，京东物流未来以全球智慧供应链基础网络（GSSC）为蓝图，以搭建830双通全球网络、十大供应链科技输出、五大全链条数字化赋能为方向，带着过去积累的丰富的基础设施建设经验、技术、科技成果，在全球落地开花。从而形成强大的全球化供应链服务网络，同时提升整个社会的供应链效率，节约供应链成本。

2. 物流产品分销渠道策略的制定

（1）确定分销渠道的模式。

分销渠道模式的主要内容包括是否选用中间商以及选用的数量。分销渠道的长短、宽窄，渠道成员的确定等。这方面的决策要符合企业的发展战略、营销目标，在做决策时需综合考虑成本效益等因素。

（2）选择中间商。

中间商是决定物流产品分销渠道质量的关键因素之一，在选择中间商时，应充分考虑图5-33中的因素。

1 中间商的经营范围及市场覆盖

2 中间商的资金实力和信誉状况

3 中间商的营销能力、业务管理水平和专业化程度

4 中间商对物流产品和市场的熟悉程度

5 中间商的促销技巧和技术

图5-33　选择中间商的因素

①中间商的经营范围及市场覆盖面。中间商的经营范围应与物流企业服务内容相一致或具有互补性，其所能覆盖的市场原则上应是物流企业的主要目标市场。

②中间商的资金实力和信誉状况。这方面情况可以通过查看工商登记、纳税情况、同业反映、客户反馈等渠道进行甄别。

③中间商的营销能力、业务管理水平和专业化程度等。这些方面的指标越高，保障分销网络高速有效运营的能力就越强。

④中间商对物流产品和市场的熟悉程度。中间商的熟练运作，对物流企业而言可以起到事半功倍的效果。

⑤中间商的促销技巧和技术，以及其地域优势和预期合作程度等。

（3）明确分销渠道成员的权利和责任。

在选择中间商并与之建立合作关系后，应明确规定价格政策、销售条件、经营许可范围、广告宣传、员工培训、信息沟通等多方面的权利和责任。

（4）评估分销渠道。

物流企业在制定分销渠道方案后要对其进行评估，以便选出最优分销渠道。可以从两个方面进行评估：一是评估物流产品分销渠道设置，有经济性、可控性、适应性三个评估标准；二是评估分销渠道成员绩效，可以采用历史比较法和区域比较法。

任务实施

根据班级人数将学生分成若干实训活动小组，每组设组长一名，负责安排、协调、督促小组完成实训任务，同时做好实训活动记录。

活动　分析九州通医药物流和顺丰速运的渠道模式

步骤一：登录九州通医药物流有限公司网站和顺丰速运网站，查找相关资料

九州通：九州通在全国省级行政区规划投资建成了31个省级医药物流中心，同时向下延伸并设立了104家地市级分销物流中心。九州通的营销网络已经覆盖了中国大部分的行政区域，构成了全国性网络，同时在全国范围内拥有1 069家零售药店（含加盟店），是目前全国医药流通企业中营销网络覆盖区域最广的企业之一。

九州通全渠道模式：分销网络覆盖中国90%以上的行政区域，包括城市及县级公立医院（第一终端）、连锁及单体药店（第二终端）、基层及民营医疗机构（第三终端）、互联网流量平台（第四终端）及下游医药分销商（准终端）客户；公司全渠道B端客户规模约39.7万家，其中城市及县级公立医院客户1.2万家，连锁及单体药店客户17.5万家（合计覆盖零售药店数量约33万家），基层及民营医疗机构客户19万家（其中民营医院客户1万余家），下游医药批发客户约1万家，其他客户近1万家，能保证各类OTC（非处方药物）品种、医院临床品

种等顺利进入各渠道终端。

顺丰速运：顺丰的主要渠道有四个：①自建服务网络，即顺丰的各网点；②微信导入，如顺丰的公众号、小程序等；③网页，如顺丰的网站、各搜索引擎SEO等；④24小时便利店，如小区周边合作的便利店、收发快递点。

步骤二：分析渠道模式

根据步骤一中的资料可以得知，九州通医药物流采用的是间接渠道模式，顺丰速运采用的是直接渠道和间接渠道两种模式。

步骤三：分析直接渠道和间接渠道的特点

直接渠道：保证快速服务，第一时间了解物流客户需求，但是需要构建完善的销售网络。顺丰速运采用直营模式，实现服务产品一体化、标准化，使服务质量和流程的监控得以实现。同时，开展网络营销，拓展了销售渠道。

间接渠道：扩大物流产品销售范围，但是需要加强对代理人的监管。

任务评价

任务评价表

考评内容	能力评价						
考评标准	具体内容	工资/元				学生认定（40%）	教师认定（60%）
		笔记（20%）	作业（20%）	实训（40%）	测试（20%）		
	物流产品渠道概念			1 000			
	物流产品渠道模式			2 000			
	物流产品渠道选择因素			2 000			
	物流产品渠道系统			2 000			
	物流产品渠道策略			4 000			
合计				10 000			
各组成绩							
小组	工资/元	小组	工资/元		小组		工资/元

考评内容	能力评价				
教师记录、点评：					

　　备注：任务考核采用模拟企业工资绩效，用企业绩效管理模式来管理并考核学生的学习过程，实施过程性考核。工资以人民币计算，每100元折合为1分，计算总分时小数点后保留一位数字。

项目拓展

一、单选题

1.（　　）是物流产品最基本的层次，是物流客户购买物流产品的目的之所在。

A.形式产品　　　　　　　B.期望产品　　　　　　C.延伸产品　　　　　　D.核心产品

2.（　　）是物流产品价值的基础，它决定着产品价格的最低界限。

A.成本　　　　　　　　　B.产品属性　　　　　　C.产品销售额　　　　　D.产品包装

3.传统的广告媒体主要有（　　）。

A.电视　报纸　杂志　广播　　　　　　　B.电视　报纸　路牌　广播

C.报纸　杂志　路牌　广播　　　　　　　D.报纸　杂志　路牌　橱窗

4.物流产品分销渠道的中间商属于场站组织的是（　　）。

A.货代　　　　　　　　　B.公路　　　　　　　　C.码头　　　　　　　　D.船代

二、多选题

1.影响物流产品组合的因素主要有（　　）。

A.宽度　　　　　　　　　B.深度　　　　　　　　C.长度　　　　　　　　D.关联性

2.竞争导向定价法主要包括（　　）。

A.随行就市定价法　　　　　　　　　　　B.投标定价法

C.低于竞争者产品价格定价法　　　　　　D.高于竞争者产品价格定价法

3.物流企业常用的促销方式主要有（　　）。

A.人员销售　　　　　　B.广告　　　　　　　C.营业推广　　　　　D.公共关系

4.现代物流企业采用直接渠道模式，主要是通过（　　）方式来拓展业务。

A.人员推销　　　　　　B.电视直播　　　　　C.电话直播　　　　　D.邮购直销

三、简答题

1.简述物流产品的概念、特征、层次。

2.简述影响物流产品定价的因素。

3.物流产品定价的策略和方法有哪些？

4.什么是产品生命周期？什么是品牌？品牌策略有哪些？

项目六
了解物流市场网络营销

 项目简介

电子商务的飞速发展，带动了物流行业的高效发展。互联网的普及，使物流企业竞争加剧，客户需求多样化，物流市场也需要新的营销方式。如何通过网络营销策略在网络时代的经济浪潮中获取竞争优势，在不完全淘汰传统物流方式的前提下，将网络营销的概念、模式等引入物流市场，对于物流市场的发展是非常必要的。面对新的销售环境，物流企业如何运用新的营销手段，通过网络推广自己，让有需求的用户了解自己，才是网络营销真正的意义所在。

学习目标

【知识目标】

（1）掌握物流市场网络营销的含义、特点；

（2）了解物流市场网络营销的优势、发展趋势；

（3）了解物流市场网络营销的模式；

（4）掌握各种物流市场网络营销模式的含义和推广方式。

【能力目标】

（1）能够运用网络营销原理、工具与方法解决问题，提高网络营销技能；

（2）能够分析、辨析、剖析物流企业的网络营销环境，增强辨别信息的能力；

（3）能够根据网络营销操作思路，熟练应用相应的运作技巧；

（4）能够选择适合物流企业的网络营销模式并进行推广。

【素养目标】

（1）树立互联网思维，具有战略眼光，增强社会责任感；

（2）培养开拓创新精神，能够运用物流市场网络营销原理与方法去发现、分析、解决问题，养成善于分析、勇于实践的习惯；

（3）增强团队合作意识；

（4）增加网络安全意识，学生规避风险、具备对自建网站进行网络营销推广的意识。

知识框图

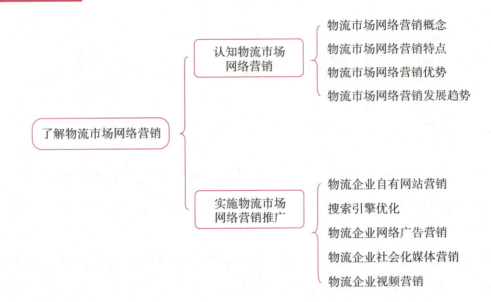

任务一　认知物流市场网络营销

案例导入

顺丰速运作为国内领先的综合物流服务商，致力于成为独立第三方行业解决方案的数据科技服务公司。经过多年发展，顺丰速运建立了为客户提供一体化综合物流服务的体系，不仅提供配送端的高质量物流服务，还向产业链上下游延伸，为行业客户提供贯穿采购、生产、流通、销售、售后的高效、稳定、敏捷的数字化、一体化的供应链解决方案，助力行业客户产业链升级。

顺丰速运还是一家具有"天网+地网+信息网"网络规模优势的智能物流运营商，拥有对全网络强有力管控的经营模式。

请仔细观察物流企业截图（图6-1），结合案例，思考问题：

1."顺丰"品牌出现在了网络的哪些模块中？你还在其他哪些网络模块中见过"顺丰"品牌？这些模块的主要使用者是谁？

2."顺丰"品牌在物流行业中具有哪些独树一帜的特点，使其能够吸引物流用户选择这一品牌？企业如何培育创新文化，营造创新氛围？

图6-1　物流企业

任务描述

随着网络的高速发展，网络营销逐步成为现代营销的基本形式，对于物流企业的促进作用也越来越明显，开展网络营销活动越来越受到物流企业的重视。同时，网络营销也体现出了极强的生命力和美好的发展前景。本任务主要学习物流市场网络营销的概念、特点、优势。

知识准备

网络营销是建立在市场营销理论基础之上的，这些基础理论包括4P理论、4C理论、4R理论，学习它们之间的演化过程与相互的关系，对于理解网络营销的概念、营销方法和推广方式有很大的帮助。

物流市场网络营销

一、物流市场网络营销概念

物流市场网络营销是指物流企业利用互联网、计算机通信技术和数字交互式媒体等方法来实现营销目标的一种营销方式。它是不同于传统市场营销的一种创新营销形式，是用网络替代了电视、杂志、邮件、电话等传统中介媒体，对客户各种各样的需求进行满足的商业活动。

资料卡片

网络营销是物流企业整体营销策略的一个组成部分，是为实现物流企业总体经济目标所进行的，以互联网为基本手段营造网上经营环境的各种活动。其实质是利用互联网对物流企业和其服务产品的售前、售中、售后等环节进行跟踪服务，这种营销活动贯穿在物流企业经营的全过程，包括市场调查、客户分析、产品开发、销售策略、反馈信息等环节。

二、物流市场网络营销特点

物流市场网络营销作为一种现代营销形式，具有信息化、自动化、系统化、柔性化的特点，如表6-1所示。

表6-1　物流市场网络营销的特点

特点	内容	体现
信息化	物流信息的表示、传递、存储及使用等方面的数字化、电子化	物流信息的商品化、物流信息收集的数据库化和代码化、物流信息处理的电子化、物流信息传递的标准化和实时化、物流信息储存的数字化
自动化	自动化外在表现是无人化，效果是省力，还具有扩大物流作业能力、提高劳动效率、减少作业过程中的差错等特点	条形码、射频识别系统、自动分拣系统、自动存取系统、自动导向车、货物自动跟踪系统等，都是物流自动化的设施
系统化	信息流、商流、资金流和物流的整合，形成系统化的网络营销物流配送体系	将物流、信息流、商流有机结合的社会化物流配送中心，如中铁快运股份有限公司、中邮物流有限责任公司等
柔性化	根据消费者的需求变化可以在生产过程中灵活调节，真正做到以消费者为中心，这正是体现出以消费者服务为主、注重个人需求、实现个性化营销	比如顺丰的"即时配"服务，打破了快递服务的固有距离观念；"冷运服务"为对有温度控制要求的食品，提供陆运冷链运输，末端优先派送的专属冷运快递服务。各种不同类型的快递服务，不仅拓宽了服务范围，还为企业增加了新的利润点

探究活动

利用网络查找顺丰速运、九州通、中外运、京东物流等中国知名物流企业网络营销的相关资料，分析其网络营销的方式和特点。

三、物流市场网络营销优势

（1）符合当前利用网络开展业务的趋势，能够更广、更多、更便捷地开展与消费者的交流。九州通物流云平台如图6-2所示。

图6-2　九州通物流云平台

（2）通过网络营销，物流企业能够敏锐地看到营销环境的变化与趋势，从而迅速调整策略，响应物流客户的需求，满足消费者的个性化需求。

（3）可以提高营销效率。利用网络营销推广手段，能够迅速看到营销效果。

（4）可有利于企业降低经营成本。网络媒介具有传播范围广、速度快、无地域限制等特点，有利于提高企业营销信息传播的效率，增强企业营销信息传播的效果，降低企业营销信息传播的成本。中国外运股份有限公司官网如图6-3所示。

图6-3　中国外运股份有限公司官网

四、物流市场网络营销发展趋势

1. 我国物流市场网络营销现状

（1）对服务营销理念认识不深。

物流属于服务业，跟其他能产生有形产品的行业相比，它的产出是无形的，是看不见摸不着的。所以在营销策略的制定、营销方式的选择上也完全不同。由于物流企业大多还停留在传统的4P理念上，因此，物流企业面临的最大问题是如何将4P理念转变为4C甚至4R理念。

（2）营销策略选择不当。

大多数物流企业认为只要自己硬件设施够好，就能满足客户需求，提供好的物流服务。但事实上，除了必要的物流设施设备，软条件的具备也是不可或缺的，如企业的信用、文化、对外形象等。

（3）网络营销水平低。

物流企业大多停留在做好运输这一环节的认知上，利用网络，将物流前端的信息发布、收集，物流过程中的交易、监控，物流闭合前的反馈、评价等环节串联起来的营销，没有被重视。

2. 物流市场网络营销发展趋势

（1）搜索引擎使用的比重会进一步增加。

随着多种专业搜索引擎和新型搜索引擎的发展，搜索引擎在物流网络营销中的作用更为突出，精准营销、排名显示都是可以帮助物流企业在众多结果展示中脱颖而出的方法，这样按需搜索的用户能够在第一时间看到自己，能够有更多的机会将用户吸引到自己的网站上来，也就意味着有更大可能将潜在用户转化为忠实用户，提高物流企业营销转化率。

（2）网站的综合营销模式越来越明显。

物流企业的网站不再仅仅只有用户了解企业业务、宣传品牌形象这种单一的功能，从建站开始，将网络推广、营销转化在一个网络营销平台上面实现。将宣传、服务、营销等多种功能集中的一站式网络营销对于物流企业来说，能够减少时间、精力和金钱上的消耗，并有利于网络营销的后续管理和维护，在投资回报率上是最高的。

（3）网络广告的营销方式将会被物流企业普遍采用。

传统的展示类网络广告（Banner）和富媒体广告由于广告制作复杂、播出价格高昂，至今仍然只是一些大型企业展示品牌形象的手段，传统网络广告难以走进中小企业。不过随着更多分类信息、本地化服务网站等网络媒体的发展，以及不同形式的PPA付费（按照用户的行为付费）广告模式的出现，将有更多成本较低的网络广告，为中小企业扩大信息传播渠道提供了机会。

任务实施

根据班级人数将学生分成若干实训活动小组，每组设组长一名，负责安排、协调、督促小组完成实训任务，同时做好实训活动记录。

活动　分析网络营销在物流企业中的应用

步骤一：学习物流市场网络营销的定义和特征并阅读案例

【案例】日日顺物流公司的网络营销的应用

日日顺物流公司基于在科技化、数字化、场景化方面的深度探索，正式启用行业首个场景物流无人仓，通过5G、人工智能技术以及智能装备等集中应用，连接前端用户和后端工厂的全流程、全场景，提供定制化的场景物流服务解决方案，如图6-4所示。百家媒体将前往仓内一探究竟。同时，一场以"场景物流全接触"为主题的体验云众播也将同步开启。

关注"日日顺物流"抖音号、"日日顺物流"直播号、微赞平台"日日顺物流"账号，或者下载海尔智家APP、日日顺到家APP进入专题直播页面，即可跟随镜头一同解锁"新基建"下的大件物流黑科技，共同见证这一物流行业大事件，一起探寻未来物流的新机遇！

日日顺物流公司策划的活动，穿越首个大件智能无人仓，观看到先锋麒麟臂、关节机器人，鹰眼侦察兵、全景五面扫，精英投掷手、龙门拣选机器人。日日顺场景物流带你一起穿越"无人区"，锁定日日顺到家APP，海尔智家APP，微赞日日顺物流直播间，日日顺物流抖音号及直播账号，不见不散！

图6-4　日日顺物流公司

通过以上案例，可以看出日日顺物流公司成功地利用直播营销方法达到了宣传企业和服务的目的。

（资料来源：《物流时代周刊》）

步骤二：分析日日顺物流公司科技化、数字化、场景化方面的营销手段

（1）首个场景物流无人仓，通过5G、人工智能技术以及智能装备等集中应用。

（2）"日日顺物流"抖音号、"日日顺物流"直播号、微赞平台"日日顺物流"账号。

（3）智能无人仓，观看到先锋麒麟臂、关节机器人，鹰眼侦察兵、全景五面扫，精英投掷手、龙门拣选机器人

步骤三：讨论网络营销在日日顺物流公司的作用

（1）网站的综合营销模式越来越明显。

（2）新的营销方式的应用。

（3）上网搜索"日日顺物流"抖音号、"日日顺物流"直播号、微赞平台"日日顺物流"账号。

步骤四：每小组派一个代表发言，总结学习这个案例的收获

任务评价

任务评价表

考评内容	能力评价						
	具体内容	工资/元				学生认定（40%）	教师认定（60%）
		笔记（20%）	作业（20%）	实训（40%）	测试（20%）		
考评标准	物流市场网络营销概念	2 000					
	物流市场网络营销特点	2 000					
	物流市场网络营销优势	2 000					
	物流市场网络营销现状	2 000					
	物流网络营销发展趋势	2 000					
	合计	10 000					
	各组成绩						
小组	工资/元	小组	工资/元		小组	工资/元	

考评内容	能力评价				
教师记录、点评：					

备注：任务考核采用模拟企业工资绩效，用企业绩效管理模式来管理并考核学生的学习过程，实施过程性考核。工资以人民币计算，每100元折合为1分，计算总分时小数点后保留一位数字。

任务二　实施物流市场网络营销推广

案例导入

2023年"邮政年货节"于11月30日在京正式启动。"年货节"是中国邮政多年来组织的重点营销活动。中国邮政将围绕农产品上行、工业品下行、政务和会员服务三大主线，针对预热期的起势、热卖期的胜势、续热期的成势三个阶段，精心组织"年货节"特色活动，提供营销、宣传推广、邮乐赋能、寄递保障等有力支撑。其中，工业品下行推出定制大单品"十亿工程"，创新打造全网定制大单品"集单定额"方式，通过聚渠道、聚商品、聚政策，实现大单品聚规模。

农产品上行落实好"一业一策""一品一策"要求，聚焦"年货节"期间上市的93个基地农产品，组织开展线上秋冬牛羊肉、年货大集、草莓柑橘尝鲜季三大主题营销，形成全网合力，做大基地农产品。推出金融跨赛专项协同活动，基于站点开展扫码入会、积分兑换、商户收单、信用卡开办等业务；尝试探索数字人直播，赋能多场景直播带货。

"年货节"期间，中国邮政集团强调要聚量推广，全网一盘棋做出定制大单品规模，有效增强邮乐购站点黏性，构建农村电商发展生态；落实"一业一策""一品一策"要求，推动农产品销售；加强专职地推队伍建设，切实提升发展质效；加强双屏机配备使用，推进数字化站点打造；聚焦拳头产品，稳续保促新增，助力实现普惠保险规模增量。

结合案例，思考问题：

1.什么是物流企业自有网站营销？其方法有哪些？

2.什么是搜索引擎优化？其流程和形式是什么？

3.你见过哪些物流企业进行网络广告营销和社会化媒体营销？

4.企业应如何提高网络营销推广和网络安全意识等方面的能力？

任务描述

当今社会，人们的生活已经离不开网络，物流作为连接买卖双方，实现商品流通的重要环节，显得尤为重要。那么，运用各种网络技术、方法和手段进行网络营销，为物流企业进行广泛宣传，促其发展，为其谋得利润，就显得尤为重要了。本任务主要学习物流企业自有网站营销、搜索引擎优化、物流企业网络广告营销、社会化媒体营销、视频营销。

知识准备

现阶段的网络营销活动，常见的营销模式有自有网站营销、搜索引擎优化、网络广告营销、社会化媒体推广、视频营销等。每种模式包含的网络营销工具和方法也不是唯一的，借助这些工具，物流企业可以发布、传递网络营销信息，实现与客户的双像交互，并为实现销售创造有利的网络营销环境。推广方式并不是只能用一种，而是可以综合使用多种方式、多种手段。

一、物流企业自有网站营销

1.物流企业自有网站营销的定义

物流企业站内营销是从用户登录网站开始，围绕用户的需求所开展的一系列营销行为。它是网络营销的一个重要组成部分，前期的站外推广都是为了吸引用户注意，将流量吸引到网站，可以将站内营销理解为网络营销的最后一个环节。

2.物流企业自有网站营销的方法

（1）品牌展示。

品牌展示是一个整体的感觉，在用户登录网站时，将企业文化、品牌理念、经营态度进一步传输给用户，提高用户对企业的信任感和认同感，为站内营销做好准备。

品牌展示应该体现出网站易用性，比如网站上应提供公司名称、公司地址、联系方式、客户服务按钮、投诉建议反馈等模块。网站品牌展示如图6-5所示。

图6-5　网站品牌展示

（2）商品展示。

将商品清晰地展示给用户，不仅方便用户按需选购，提高用户使用的好感度，并进一步培养用户对品牌的忠诚度，而且为企业进行精准营销，制定、修改营销策略提供了依据。网站商品展示如图6-6所示。

图6-6　网站商品展示

（3）信息展示。

网站是一个信息载体，在法律许可的范围内，可以发布一切有利于企业形象、客户服务以及促进销售的企业新闻、产品信息、促销信息、招标信息、合作信息、人员招聘信息，等等。因此，拥有一个网站就相当于拥有了一个强有力的宣传工具，这就是企业网站具有自主性的体现。网站信息展示如图6-7所示。

图6-7　网站信息展示

　　企业网站是企业在虚拟的互联网中进行网络营销的平台，是展示企业形象、发布企业信息、刊登企业商品的窗口，相当于企业在网络世界中的一张名片，是企业开展网络营销的重要条件。如何打造一个有效果的企业网站，主动权掌握在自己手里，其前提是对企业网站有正确的认识，这样才能适应企业营销策略的需要，并且从经济上、技术上有实现的条件。因此，企业网站应适应企业的经营需要。构建网站时应该做好下面三点准备：①对网站进行定位；②符合网站浏览者的要求；③体现互动性。

探究活动

> 请找一找，哪家物流企业的自有网站营销做得比较好？

搜索引擎优化

二、搜索引擎优化

1. 搜索引擎优化的定义

　　SEO，即Search Engine Optimization，翻译过来就是搜索引擎优化，它是一种技术手段，通过分析搜索引擎的排名规律，了解各种搜索引擎怎样进行搜索、怎样抓取互联网页面、怎样确定特定关键词的搜索结果排名，然后对网站进行有针对性的优化，以提高网站在搜索引擎中的自然排名。

资料卡片

　　搜索引擎营销的主要工作是优化站外链接，在其他网站或者平台放置自己网站的链接，借助其他网站或者平台的流量，为自己带来关注，将流量引入自己的网站。那么什么样的网站或者平台适合放置站外链接呢？

　　首先，要有大量的用户使用，有足够的热度才能带来浏览量，有了浏览量才有可能使自己被发现，被关注。门户网站就是不错的选择，比如新浪网。

　　其次，一些专门用来解答问题、提供资源的网站，这些网站更具有针对性，用户使用的目的性更强，更能够引导其他用户通过链接关注自己的网站。比如各种论坛、百度贴吧、知乎等。

　　最后，行业权威网站，毋庸置疑，在这类网站放置自己的链接，有助于增加自己网站的可信度，能够更好地提高网站权重，让自己网站在搜索结果中排名更加靠前。

2. 搜索引擎优化的工作原理

通过搜索引擎我们可以快速地筛选到自己需要的信息。几个具有代表性的搜索引擎如图6-8所示。

图6-8　具有代表性的搜索引擎

从图6-8中可以看到，同样搜索"物流"两个字，不同的搜索引擎，出现在结果页面前列的企业却不尽相同。图6-8结果页面里显示在前列的企业，都是针对不同搜索引擎优化后的排列，这个顺序不是一成不变的，是随着不断优化而变化的，这就要求企业对搜索效果进行长期、系统的监控。另外，还要符合用户的搜索习惯，获得用户和搜索引擎的双重信任，这样才能保证企业名字能够稳定地出现在页面前列。

因此，想要让自己企业的名字出现在结果页面前列，更快速地被用户找到，应该如何做呢？这就需要了解搜索引擎收录页面的原理，如图6-9所示。

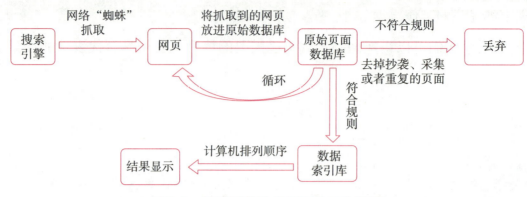

图6-9　搜索引擎收录页面的工作原理

可以看出，结果页面以什么样的顺序展示，与搜索引擎对页面的抓取、处理规则和排列算法都有关系。在了解了这些规则之后，对自己的网页内容进行相关的优化，使其更符合用户浏览习惯。在保证用户体验的情况下，尽可能提高搜索引擎中的排名，以提高自己网站的访问量，最终提升网站的销售能力或宣传能力。简单来说，所谓"搜索引擎优化"，就是为了让自己网站更容易被搜索引擎抓取，能够呈现在前列。

3. 搜索引擎优化的流程

（1）确定关键词：要根据物流企业的业务范围或者目标市场来确定。

（2）进行优化：在确定关键词后，对自己的网站进行分析、优化。

主要是从网页代码、网站结构等方面进行优化。网页代码优化主要是去掉其中多余的代码，以减小网页的大小，提高网站的加载速度，这样就会提升用户的体验感，精简的代码也有利于网络蜘蛛对于页面的抓取。网站结构优化包括网站导航优化、网站层次优化和网站路径优化。

（3）链接建设：对建立的网站进行页面内容导入和链接建设。

（4）效果监测：使用搜索引擎优化工具对网站优化后的效果进行监测。

第四步完成后，并不是优化工作的终点。通过图6-10可以看到，整个流程是一个闭合的循环图。因此，监测只是手段，目的在于告诉我们优化的效果，根据效果提示再次进行优化，如此往复。

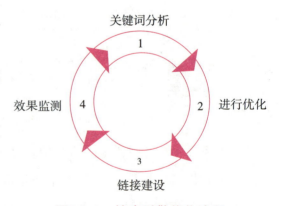

图6-10　搜索引擎优化流程

4. 搜索引擎优化的形式

（1）竞价方式。

搜索引擎一般通过关键词进行竞价，参与竞价排名的企业为自己的网站/网页购买关键字排名，用户在点击该索引结果后即产生费用。一般来说，付费越高，可能获得的排名就越靠前。为了保持靠前的排名，企业可以根据实际竞价情况调整每次点击付费的价格，控制竞价关键词在特定关键字搜索结果中的排名，也可以通过设定不同的关键词获取不同类型的目标访问者。

（2）关键词策略。

关键词的定位和分析对一个新站非常重要，是网站优化的第一步。关键词选择直接关系到网站的定位程度、面向的人群以及网站的流量。关键词又分为产品词、通俗词、地域词、品牌词、人群相关词等。

（3）结构优化。

结构优化主要分为URL设置和网站结构设计两种。URL设置是将网址设置为静态URL，与动态URL相比，静态URL的稳定性更好，打开速度更快，有利于提高用户体验；优化网站结构设计主要需注意导航和整体结构两个方面。

（4）页面优化。

页面优化示意图如图6-11所示。

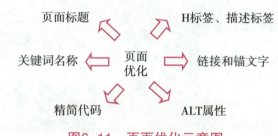

图6-11　页面优化示意图

（5）内容优化

内容包括围绕关键词设计内容、文章内容、关键词密度、更新频率。

（6）网站外部链接优化

主要方法有与其他网站合作、在文章中插入链接、利用已收录的高权重网站。

探究活动

你常用的搜索引擎是哪种？为什么？假如由你来为一家物流企业优化搜索引擎，你会如何做呢？

三、物流企业网络广告营销

1. 网络广告定义

广告已为大众所熟知。简单来说，网络广告就是在网络上做的广告，即通过网络，利用网站上的横幅广告、文本链接、按钮广告、图文广告等多种方式，传递给用户的一种高科技广告运作方式。网络广告是继传统四大媒体之后的第五大媒体。

**资料卡片**

传统四大媒体：电视、广播、报纸、杂志。在网络兴起之前，这四种媒体是广告投放的主要载体，目标受众范围广，针对性不强，宣传周期长，起效不明显。

2. 网络广告的形式

（1）横幅广告。

包含Banner、Button、通栏、竖边、巨幅等，以GIF、JPG、Flash等格式建立的图像文件，定位在网页中用来表现广告内容，如图6-12所示。

图6-12　横幅广告

（2）文本链接广告。

以一排文字作为一个广告，点击文字链接就可以进入相应的广告页面，如图6-13所示。

图6-13　文本链接广告

（3）电子邮件广告。

以电子邮件为传播载体的一种网络广告形式，如图6-14所示。

图6-14　电子邮件广告

（4）插播式广告。

访客在请求登录网页时强制插入一个广告页面或弹出广告窗口，又称弹出式广告，如图6-15所示。

图6-15　弹出式广告

（5）富媒体广告。

即丰富媒体之义，一般是指使用浏览器插件或其他脚本语言、Java语言等编写的具有复杂视觉效果和交互功能的网络广告，如图6-16所示。

图6-16　苏宁易购

探究活动

请分组讨论、比较传统广告和网络广告的异同，每小组派出一名代表进行讲解。

3.物流企业网络广告形式的选择

网络广告节省了报刊的印刷费用和电台、电视台昂贵的制作费用，成本大大降低，绝大多数单位或个人都可以承受。网络广告传播范围广，不受时间与空间的限制。广告受众对于传统媒介的广告大多是被动接受，不易产生效果。可能95%的观众没有任何兴趣，看完后马上忘得一干二净。但在互联网上，大多数访问广告的人都抱着求购的愿望，成交的可能性极高。网络广告可以应商家要求做成集声、像、动画于一体的多媒体广告。物流企业选择的网络广告形式要符合网络广告目标受众的特点，这样才能使网络广告有效地发挥推广作用。

四、物流企业社会化媒体营销

随着网络在人们生活中日益普及，网络上的社交行为也日渐火爆，一些企业从这些社交平台嗅到了商机，运用网络营销手段针对社交平台用户进行推广和营销，常见的社交平台有微博、微信、论坛等。

微博营销

1.微博营销

资料卡片

微博（Micro-Blog）是指一种基于用户关系信息分享、传播以及获取的通过关注机制分享简短实时信息的广播式的社交媒体、网络平台。世界上最早的微博出现在美国，名为Twitter，翻译为推特。在最初阶段，这项服务只是用于向好友的手机发送文本信息。我国国内最早带有微博色彩的社交网络是由王兴在2007年5月创建的饭否网，随着越来越多的互联网企业注意到用户对随时随地发布自己动态的强烈需求后，纷纷上线自己的微博产品，比较著名的有网易微博、搜狐微博、腾讯微博、新浪微博等。但随着网络的发展及用户的成熟，除新浪微博外，其他微博产品纷纷关闭、下线，也成就了现在使用人数最多、活跃度最高的新浪微博。

（1）微博营销定义。

微博营销是指通过微博平台为商家、个人等创造价值而执行的一种营销方式。圆通速递微博页面如图6-17所示。

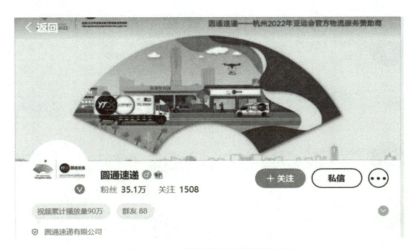

图6-17　圆通速递微博页面

（2）物流企业微博营销的特点。

①便捷性。微博作为一个社交平台，用户既可以浏览到自己感兴趣的内容，也可以将自己的心情、动态即时展示出来，早期微博的内容有字数限制，在140字以内，这也加快了微博的发布速度。另外还可以发布图片和视频。

②传播性。以粉丝数量为基础，用户发布的信息可以一瞬间传给自己全部的粉丝。圆通速递发布的微博如图6-18所示。

图6-18　圆通速递发布的微博

③多平台。微博不仅可以在电脑上用网页进行编辑，还可以在手机等移动终端上的APP中进行编辑，让用户不再受设备的限制。

（3）物流企业微博营销的步骤。

①企业微博营销的定位。应根据物流企业的整体营销策略，对微博进行定位，让粉丝和客户在进入微博的第一时间就明白这个账号的设置目的。

②企业微博矩阵建立。物流企业品牌之下，可开设多个不同功能定位的微博，与各个层面的粉丝进行沟通，以全方位塑造企业品牌为目的，形成微博矩阵，如图6-19所示。

图6-19　微博矩阵

③企业微博内容规划。物流企业发布的微博内容要与目标客户的兴趣相关，与企业或自媒体营销目标相关，主要考虑粉丝看了该内容之后能带来什么，表现形式多种多样，如头条文章、图片、视频、直播等。申通快递微博页面如图6-20所示。

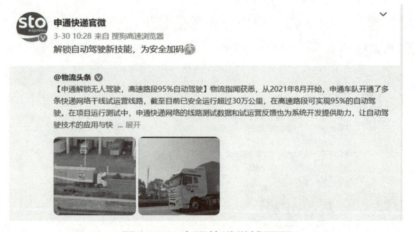

图6-20　申通快递微博页面

④企业微博营销实施。可通过设置企业微博头像、命名微博名称、设置好标签、定期更新微博来实现营销目的。

⑤企业微博营销效果监测。企业微博的效果可以通过关注数、粉丝数、微博数、转发量、评论量等数据来进行评判。

2. 微信营销

资料卡片

微信（WeChat）是腾讯公司推出的一款面向智能终端的即时通信软件，初期主要为用户提供即时通信服务，多用于沟通、聊天等场景。之后，微信添加了语音对讲功能，改变了一成不变的文字输入聊天方式，使沟通变得生动有趣。随后微信逐步添加了微信支付、公众平台、微信小程序等功能，同时提供生活缴费、直播等服务。其用户覆盖200多个国家、超过20种语言。微信已经逐渐从通信工具转变为集支付、社交、购物等多种功能为一体的社交平台。

微信的功能有很多，如图6-21所示。

微信营销

图6-21　微信的多种功能

（1）微信营销定义。

微信营销主要体现在以安卓系统、苹果系统的手机或者平板电脑中的移动客户端进行的区域定位营销，形成了一种主流的线上线下微信互动营销方式。

（2）微信营销的特点。

①点对点精准营销：微信拥有庞大的使用人群，结合微信平台自带的社交属性、定位优势，对于商家来说，就能够把营销信息推送给每一个使用者，继而帮助商家实现点对点精准营销。

②形式灵活多样：比如用户通过扫二维码，可以关注企业微信公众号或者将企业账号添加为自己的好友，这样企业就可以向用户推送自己的宣传信息、促销活动信息等。还有现在普遍使用的小程序接口，也是企业展示自己、推送营销信息的方法。

③强关系的机遇：微信营销的点对点模式，能够增加企业和用户之间的互动，增强使用者之间的联系，从普通关系变成强关系，拉近距离，让企业和用户之间从路人变为"朋友"。

（3）物流企业微信营销的步骤。

①建立企业微信平台。通过微信公众平台进行营销活动，如微推送、微支付、微报名、微分享等。目前，微信公众平台分为订阅号、服务号、企业号三种。

②运营企业微信公众号。企业公众号运营的目的主要是曝光、引流、变现。多平台推广实现曝光，如知乎、小红书、贴吧、搜狐号、头条号、简书、豆瓣等。做一些优惠活动或福利活动来进行推波助澜，增强与用户之间的黏性。

③监测企业微信公众号运营效果。可以借助一些指标进行考量，比如信息到达率、微信阅读率、粉丝参与率等。

3. 论坛营销

（1）论坛营销的定义。

论坛营销就是企业利用论坛这种网络交流的平台，通过文字、图片、视频等方式发布企业的产品和服务信息，从而让目标客户更加深刻地了解企业的产品和服务，最终达到宣传企业品牌、加深市场认知度的网络营销目的。

（2）论坛营销的形式。

论坛的交流方式为发帖、回帖，在论坛做营销主要以帖子形式呈现，因此帖子的标题、内容就显得十分重要。好的标题可以先声夺人，高质量的软文内容可以牢牢吸引用户注意力，使其在潜移默化中接受营销信息，常见的文案形式有以下几种：

①事件型。利用社会热点和网络热点来吸引人眼球，从而赚取高点击率和转载率。

例如，2008年4月，奥运圣火传递期间，随着海外北京奥运圣火传递活动的不断展开，越来越多的华人反映，在海外很难买到中国国旗。天涯社区了解这一情况后，发起"捐赠国旗、助威奥运"活动。

主帖：圆通快递无偿运递国旗，支持海外华人助威奥运。

4月15日，上海青年捐赠了2 700面五星红旗，准备分发给奥运圣火所经过城市的华人。圆通速递公司得知这个消息后，立即表示支持爱国行动，愿意无偿把这些国旗快递到韩国、日本、澳大利亚、马来西亚等地。

4月15日19时，圆通公司派专车到天涯社区网站包装、运送国旗。16日一早，就将国旗转运到深圳国际快递部。18日，澳大利亚、韩国、日本的华人组织已经接到第一批国旗。随着各地网友的热烈响应，捐赠越来越多。为了做好快递工作，圆通公司与天涯社区网站制定了合作方案。

4月16日下午，又有500面国旗及1 000面国旗不干胶贴面运往吉隆坡、雅加达、堪培拉、长野、首尔等地。

营销效果：短短几天内，此帖点击率就突破1万人次，回帖则高达上百人。

几天之内，该帖相继在各大论坛之中相互转载。

圆通快递和天涯论坛成了网友议论的焦点，被戴上了爱国的光环。

②经历型。以第一人称或者第三人称，讲述自己或者身边朋友真实的生活故事和体验效果的文章。

③解惑型。如图6–22所示，以专业的态度或者个人独特的见解，对产品进行客观解剖分析，能够满足网友的片面性观点，让受众从多个角度认识以往接触的信息。

【物流专业】【物流师证】【物流考研】【物流就业】~~问题解... 只看楼主 收藏 回复

【物流专业】【物流师证】【物流考研】【物流就业】~~问题解读

小吧主

#行业认知

看到很多物流专业的同学问，毕业出来"是不是仓库搬砖？是不是快递搬砖？" 我挺好奇同学们当年都是抱着什么目的报考的这个专业。

这种观点存在两个误区：一是对就业环境的误解，二是对物流行业的误解。

针对就业环境而言，除医药、法务、财务、教育、科研、军事等专业性强的行业外，一般都是没有专业限制的。一来大专本科阶段的所谓"高等教育"，基本停留在理论教育阶段，还可能是过时的理论，大家从学校毕业出来，也仅仅是概念上的了解差异。二来企业招聘应届生，都会从零开始培养，告诉你公司的规章制度、办事流程、表单运用和系统操作等，这些内容在学校都是没有的。所以很多职位只要你感兴趣，在通过网络了解学习之后，找到自己的特长或职业共性，也可以去投简历的。

拿我那一批的专业同学来说吧，从事的工作有：证券公司法务（法律研究生）、IBM数据处理（**研究生，我也说不上来职称）、软件规划师（**研究生），银行文员、消防队长、医药销售、电子公司PC（计划专员）、游戏公司老板、烟草公司（职务保密）、软件开发（自学成才）…… PS：研究生都是跨界考研。

另外，当你进入社会之后，你会发现，市场竞争不再只是同业竞争，还有跨界竞争。

针对物流行业而言，也没有你想象的"搬运工"那么粗暴简单。这里我愿意按自己的理解来给大家做个介绍。

物流包含仓储和运输两个基本模块。伴随社会的发展，诞生了很多配套内容，这里我称为辅助模块。

#仓储，按行业可以分为制造业仓储、零售业仓储和电商仓储（其实也归属零售业）。制造业比如华为（电子）、比亚迪（汽车）、海澜之家（服装）、顾家家居（家居）等，产品行业不同，其仓储的管理模式不同。同样零售业的比如沃尔玛、物美、7-11（便利店）、宜家（家居），电商行业的比如京东（综合）、唯品会（服装）、贝贝（母婴）、优衣库（O2O

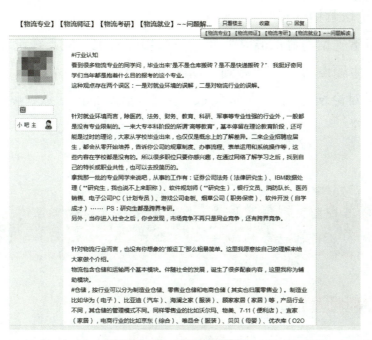

图6–22　解惑型帖子

④提问型。阐述事情经历，直接提出问题，寻求大家帮助，内容中自然过渡植入产品名称，如图6–23所示。

靠谱的宠物托运物流公司哪家比较好呢

企业回答　2021-08-12 14:27

宠物托运物流公司的选择需要慎重考虑，优质的宠物托运物流公司对宠物保护更安全，价格更合理，建议咨询上海[illegible]实业有限公司，市内免费上门，有丰富的宠物托运经验。上海[illegible]实业有限公司是一家专注宠物航空快运的公司，积累了丰富的活体动物运输经验，得到了宠物行业的认可。公司自成立以来，坚持为客户提供优质的运输服务、合理的运输价格、快捷的运输方案，解决并保障了各类活体动物（法律法规允许范围内）的旅行、交易的安全流转要求。

0

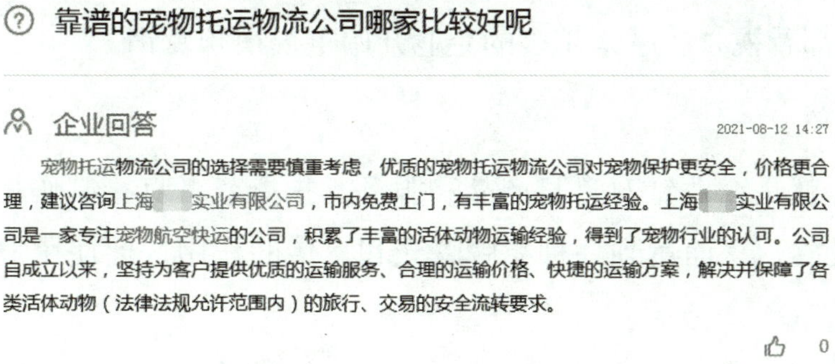

图6–23　提问型帖子

⑤幽默型。以轻松、搞笑、有趣的方式表达，能够让网友会心一笑。

（3）论坛营销的特点。

①人气高。具有较高的人气，为企业提供营销传播服务。引导用户与品牌之间进行互动，提升营销效果。

②内容多样。满足企业多种推广需求，包括各种置顶帖、普通帖、连环帖、论战帖、多图帖、视频帖等。

③成本低。论坛营销对人力、物力资源和资金投入的要求较少，主要要求操作者对于话题的把握能力与创意能力。

④定位准。企业在产品对应的论坛中发帖，通过这个平台与网友进行互动，可以引起更大的反响。

（4）物流企业论坛营销的步骤。

①策划话题，将事先撰写好的软文发布到论坛相应板块，使其在论坛上引起关注。

②跟踪及维护，主题发布后，要做到定期回访主题。

③效果评估，是对论坛营销效果的考核，参数包括发布论坛数、帖子浏览量、帖子回复量、帖子是否被置顶等。

探究活动

选取一家知名物流企业，利用互联网查找其微信营销或微博营销或论坛营销的相关资料，谈谈你对该企业社会化媒体营销的看法。

五、物流企业视频营销

随着移动互联网的发展和视频网站的兴起，各式各样的视频越来越受到人们的喜爱，无论是在企业官网、视频分享网站还是在社交媒体，随处可见品牌广告片、产品宣传片、展会视频、个人访谈视频等。视频的出现为各种品牌、产品和机构提供了更多的竞争机会，当创意与品牌相碰撞，就会产生新的价值。2021年数据调查显示，78%的人群至少每周看一次视频，55%的人群每天都看视频。越来越多的企业开始重视视频营销。

1. 视频营销的定义

所谓视频营销，就是企业针对自身产品和服务，拍摄或者直接制作相关的视频，选择对应的视频平台进行投放，从而达到一种品牌曝光和宣传的作用，促使用户进行咨询、购买并使用该产品或服务。

2. 视频营销的特点

（1）精准性：可以比较精准地找到潜在的消费群；

（2）病毒式传播，具有原创优势：用户主动传播；

（3）低成本：视频制作可以是企业，也可以是个人，入门门槛低；

（4）视频的长期流量：通过用户的转发，可以获得长期流量。

3. 物流企业视频营销的方式

短视频是一种互联网内容传播方式，在各种新媒体平台上播放的、适合在移动状态和短时休闲状态下观看的、高频推送的视频内容，几秒到几分钟不等。

一般的短视频时长都非常短，内容融合了技能分享、幽默搞怪、时尚潮流、社会热点、街头采访、公益教育、广告创意、商业定制等主题。由于内容较短，可以单独成片，也可以制作成系列栏目。近年来，社交平台推出的短视频如抖音、快手、小红书、微信视频号等吸引了众多的用户。

短视频企业号——蓝V表示及认证信息，官方认可；昵称锁定保护，企业号之间昵称不允许重名，先到先得，昵称全匹配搜索时置顶显示，蓝V认证费用600元/年（认证不通过不能退钱）。个人号——无上述功能权限，但免费。在企业人力、物力、财力允许的情况下，可以做矩阵号，蓝V+个人。快手和抖音的标志如图6-24所示。

图6-24　快手和抖音的标志

短视频营销是一种非常有效的营销手段。不同的短视频营销模式适用于不同的营销目的和场景。常用的短视频营销模式有病毒营销、事件营销、直播营销。

（1）病毒营销。

短视频营销的厉害之处在于传播即精准，好的内容才能形成病毒。顾名思义，像病毒一样，传播的速度快、范围广。能够产生这种效应，就要求制作的网络视频内容必须是高质量的，传播的媒介就是视频自身，每一个受众都是它的传播者。营销的关键在于企业需要有好的、有价值的视频内容，然后寻找到一些易感人群或者意见领袖帮助传播。借助好的视频广告，企业的营销广告可以无成本地在互联网上快速传播。

（2）事件营销。

事件营销一直是线下活动的热点，在短视频营销中同样适用。策划一个有影响力的事件，编制一个有意思的故事，其实是非常有吸引力的。将这个事件拍摄成视频，也是一种非常好的营销方式；而且，有事件内容的视频更容易被网民传播，使事件营销与视频营销相结合，开辟出新的营销价值。

（3）直播营销。

随着直播的兴起和爆发，越来越多的商家看到了商机。企业申请账号通过开直播、接广告等方式做营销，前提是企业前期视频被大众喜爱，这样企业直播才会有人看。直播营销时企业可以邀请一名受观众喜爱的主播来做直播，以加深消费者对产品或品牌的认知程度，达到宣传推广企业的目的。

目前，直播营销的形式主要有直播+电商、直播+发布会、直播+互动营销、直播+内容营销、直播+明星等。

探究活动

请做一做，以小组为单位，为某物流公司录制一个短视频，主题、内容各组自定。

任务实施

根据班级人数将学生分成若干实训活动小组，每组设组长一名，负责安排、协调、督促小组完成实训任务，同时做好实训活动记录。

活动　分析物流企业中的网络营销模式

步骤一：学习物流市场网络营销的模式并阅读案例

【案例】有内容、有流量、有转化，京东物流玩出"6.18"营销新高度

2020年"6.18"电商节，京东物流与品牌商伙伴们共同开展的花式营销堪称是一道醒目又味美的"主菜"。

1. 内容为王，项目内容新、奇、趣

京东物流本次"6.18"营销的主题为"传递你的热爱"，这一主题给后续的营销带去了充足的想象力和多元玩法。同时京东物流还联手52TOYS招财宇航员系列IP进行内容营销，打造出宇宙探险风H5。京东小哥变身"宇航员"，带领大家登陆探索不同大牌星球，传递不同星球的好品好物给大家。数据显示，京东物流H5活动，吸引了十几万网友参与其中，而最终有多达1万的用户拿到奖品。

2. 精准营销，组合传播，实现精准打击

整个"6.18"活动期间，京东物流与品牌合作商通过系列趣味、有料的短视频内容来传达品牌的价值观、产品的卖点。利用KOL等高势能人群在微博、微信、抖音等平台快速扩散的方式，让精准流量迅速裂变，获得了更好的传播效果和"精准打击"效能。此外，京东物流还在76个高铁站进行了营销推广，全面"占领"目标受众的碎片化时间，实现更好的营销效果；同时为品牌获得新流量、缔造新声量带去助力。

3. 流量承接转化，品效合一

有了流量，如何完成无缝转化?京东物流本次"6.18"营销甩出两个犀利的大招。首先是"6.18"活动会场，为大疆、丝塔芙、欧诗漫、王茅等品牌伙伴打造了"6.18"聚合页，用户无论是从H5还是从海报二维码，抑或是从其他各个传播点参与，都会调到聚合页来，让流量没有半点"浪费"，实现无缝、高效转化。

京东物流还邀请人气网红佟天宇、milky在抖音和京东平台带来两场直播带货，通过直播带货的方式，将引进的流量实现完美转化。数据显示，京东物流KOL直播观看人数超百万，销量高达数十万，为品牌6.18成绩带去强势助力。

（资料来源：中文科技资讯）

　　步骤二：从案例中找出京东物流6.18网络营销的模式

　　（1）内容营销。

　　（2）精准营销。

　　（3）KOL营销。

　　（4）微博、微信、抖音营销。

　　（5）直播营销。

　　步骤三：讨论京东物流中网络营销的作用

　　（1）京东物流H5活动，吸引了十几万网友参与其中。

　　（2）利用KOL等高势能人群在微博、微信、抖音等平台快速扩散的方式，让精准流量迅速裂变，获得了更好的传播效果和"精准打击"效能。

　　（3）利用直播带货的方式，将引进的流量实现完美转化。

　　步骤四：每小组派一个代表发言，总结学习这个案例的收获

任务评价

任务评价表

考评内容	能力评价						
	具体内容	工资/元				学生认定（40%）	教师认定（60%）
		笔记（20%）	作业（20%）	实训（40%）	测试（20%）		
考评标准	物流企业自有网站营销	2 000					
	搜索引擎优化	2 000					
	物流企业网络广告营销	2 000					
	社会化媒体营销	2 000					
	视频营销	2 000					
合计		10 000					

考评内容	能力评价				
	各组成绩				
小组	工资/元	小组	工资/元	小组	工资/元
教师记录、点评：					

备注：任务考核采用模拟企业工资绩效，用企业绩效管理模式来管理并考核学生的学习过程，实施过程性考核。工资以人民币计算，每100元折合为1分，计算总分时小数点后保留一位数字。

 **项目拓展**

一、单选题

1.网络营销就是（　　）。

A.营销的网络化 　　　　　　　　B.利用互联网等电子手段进行的营销活动

C.在网上销售产品 　　　　　　　　D.在网上宣传本企业的产品

2.传统四大媒体指的是：电视、广播、报纸和（　　）。

A.微博 　　　　　　B.微信 　　　　　　C.广播 　　　　　　D.电子邮件

3.以下不属于社交媒体营销方式的是（　　）。

A.微博营销 　　　　B.电子邮件营销 　　　C.微信营销 　　　　D.论坛营销

二、多选题

1.物流市场网络营销自动化的特点包括（　　）。

A.无人化 　　　　　　B.自动化 　　　　　　C.省时 　　　　　　D.省力

2.网络营销能够降低物流企业经营成本的原因有（　　）。

A.传播范围广 　　　　B.传播速度快 　　　C.不受地域限制 　　　D.不受时间限制

3.在进行站内营销时，网站应该做到以下哪些设置？（　　）

A.设置促销信息　　　B.设置详细的商品信息

C.设置联系方式　　　D.设置投诉及建议渠道

三、简答题

1.简述物流市场网络营销的概念、特点。

2.物流市场网络营销的推广模式有哪些?

3.分析物流企业社会化媒体营销的特点、形式。

4.分析物流企业视频营销的特点、形式。

5.分析物流企业网络广告营销的特点、形式。

6.分析物流企业自有网站营销的方法。

项目七
走进物流客户服务

▦ 项目简介

随着我国经济的发展，物流行业的竞争越来越激烈，物流企业已经认识到以客户为中心的管理是未来成功的关键，客户是企业利润的源泉，物流客户服务是企业对客户的一种承诺，是企业战略的一个重要组成部分。客户服务水平的高低直接影响着企业市场竞争能力，直接影响企业的生存与发展。要做好客户服务，必须充分认识物流客户及物流客户服务，管理好客户关系，处理好客户投诉，了解客户需求，提高客户满意度。

▦ 学习目标

【知识目标】

（1）认识物流客户服务；
（2）掌握客户关系管理的内容和方法；
（3）掌握处理客户投诉的流程和方法。

【能力目标】

（1）能够快速对物流客户进行分类；
（2）能够熟练描述出客户服务工作内容；
（3）能够收集、分析、整理物流客户信息，提升客户满意度；
（4）能够巩固物流老客户、开发新客户；
（5）能够熟练运用客户投诉技巧处理客户投诉。

【素养目标】

（1）树立以客户为中心的服务理念，认识物流客户服务对物流企业的作用；
（2）培养爱岗敬业、不惧困难、认真务实的工作作风；
（3）培育以尊重为本，知礼懂礼，友善沟通的职业精神；
（4）树立耐心细致、热情大方、耐挫抗压的职业意识。

知识框图

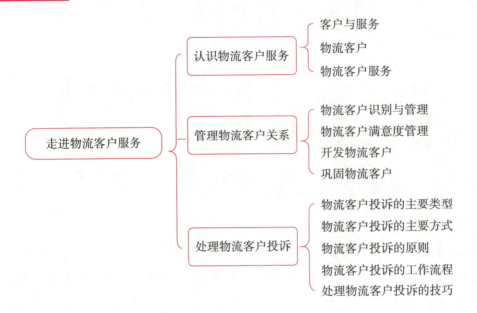

走进物流客户服务
- 认识物流客户服务
  - 客户与服务
  - 物流客户
  - 物流客户服务
- 管理物流客户关系
  - 物流客户识别与管理
  - 物流客户满意度管理
  - 开发物流客户
  - 巩固物流客户
- 处理物流客户投诉
  - 物流客户投诉的主要类型
  - 物流客户投诉的主要方式
  - 物流客户投诉的原则
  - 物流客户投诉的工作流程
  - 处理物流客户投诉的技巧

任务一　认识物流客户服务

案例导入

京东物流推出的时效服务包括：①"211限时达"是当日上午11：00前提交的现货订单，当日送达；当日23点前提交的现货订单，次日15：00前送达。"极速达"配送服务是个性化付费增值服务，2小时将商品送至收货点。②"京准达"是可选择精确收货时间段的增值服务，精准预约时段至30分钟。"夜间配"是提供晚间19：00—22：00送货上门的配送服务。③"定时达"可选择指定收货时间，预约时间段为1～7天，大家电为1～10天。消费者能够随时查询购买商品的物流信息动态，透明化的货物跟踪与高效的配送效率提高了消费者的购物体验，京东物流为消费者提供"有速度更有温度"的高品质物流服务。

结合案例，思考问题：

1.结合京东物流的案例，分析物流客户服务的内涵，理解物流客户服务对企业的重要作用。

2.京东物流的时效服务体现了企业要树立客户至上的服务理念，把国家、社会、公民的价值融为一体。请你谈谈对这种服务理念的认识。

 任务描述

现代物流企业要想赢得竞争对手，就必须树立客户服务理念，并制定有效的客户服务制度，提供真正的优质服务，使客户满意。本任务主要学习物流客户的概念和分类，物流客户服务的概念、作用、内容。

知识准备

客户是企业的重要资产，物流企业要赢得客户就要了解客户的需求，掌握客户选择产品或服务的标准，熟知不同物流客户对企业发挥的作用，认识物流客户服务的内容，为不同的客户提供他们希望得到的产品或服务。

一、客户与服务

1. 客户

客户是相对于产品或服务的提供者而言的，是指所有接受企业产品或服务的组织和个人的总称。这些个体的客户和组织的客户统称为客户。

2. 服务

服务是企业为他人的需要提供的一切活动。服务是人或组织的活动，其目的是满足客户的需求和预期的要求。与有形产品相比，服务的特征如图7-1所示。

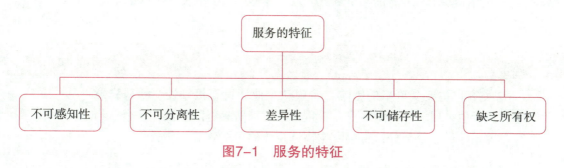

图7-1　服务的特征

（1）不可感知性。

服务不能像有形产品那样看得见、摸得着，是无形无质的。客户在购买服务之前，不能看到自己即将得到什么样的服务，即使客户在接受服务之后，往往也很难立即察觉或感受到服务的利益，难以对服务的质量做出客观的判断。

（2）不可分离性。

有形产品从生产到消费的过程中，需要经过运输、储存、包装等一系列中间环节，生产和消费之间有一定的时间间隔。而服务的生产与消费过程是同时进行的，服务人员向客户提供服务时，也是客户消费服务之时，二者在时间上不可分离。

（3）差异性。

由于服务提供者的心理状态、服务技能、知识水平等原因，服务无法像产品那样实现标准化，即使同一个服务人员向同一个客户提供相同的服务，带给客户的效用和感知都可能存在差异。

（4）不可储存性。

产品是有形的，可以储存；而服务是无形的，服务的生产和消费是同时进行的，因此服务无法储存。

（5）缺乏所有权。

缺乏所有权是指在服务和消费过程中不涉及任何物品所有权的转移。服务是无形且不可储存的，因此服务产品在交易完成后即会消失，客户并没有实际拥有服务产品。

3. 客户服务

客户服务是企业与客户交互的一个完整过程，包括听取客户的问题和要求，对客户的需求做出反应并探寻客户新的需求，客户服务不仅仅包括客户和企业的客户服务部门，也包括整个企业，即将企业整体作为一个受客户需求驱动的对象。

二、物流客户

物流客户是指物流公司所有的服务对象。

从物流客户的角度来看，物流客户可分为三个层次，如表7-1所示。

表 7-1　物流客户分类

客户层次	特征	比重	利润
一般客户	这类客户主要受价格的影响，希望从企业获得直接好处，获得满意的客户价值，属于经济型客户，看重价格，消费具有随意性，是企业与客户关系的最主要部分，直接影响物流企业的短期效益	80%	5%
潜力客户	这类客户希望与物流企业建立一种长期的伙伴关系，建立战略联盟，希望从企业的关系中增加价值，从而获得附加的服务利益和社会利益，是物流活动中企业与客户关系的核心	15%	15%
关键客户	这类客户希望企业获得直接利益和社会利益，关心商品的质量、价值和服务，是企业比较稳定的客户，是企业最大的利润来源	5%	80%

三、物流客户服务

1. 物流客户服务的定义

物流客户服务是指物流企业为促进产品或服务的销售，发生在客户与物流企业之间的相互活动。物流客户服务具有以下特点：

物流客户服务

（1）物流客户服务是为了满足客户需求所进行的一项特殊工作，并且是典型的客户服务活动。内容包括：订单处理、技术培训、处理客户投诉、服务咨询等。

（2）物流客户服务是一整套业绩评价，内容包括：产品可得性评价、订货周期、可靠性评价、存货百分比等。

2. 物流客户服务的作用

物流客户服务是整个企业成功运作的关键，是增强服务产品差异性，提高产品和服务竞争优势的重要因素，其作用如图7-2所示。

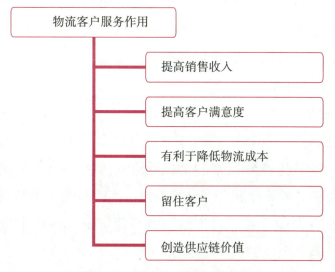

图7-2　物流客户服务的作用

（1）提高销售收入。

物流客户服务无论是面向生产的物流，还是面向市场的物流，其最终产品都是提供某种满足客户需求的服务。提高客户服务水平，可以增加企业销售收入，提高市场占有率。

（2）提高客户满意度。

良好的客户服务会提高产品的价值，提高客户的满意度。因此，许多物流企业都将客户服务作为企业物流的一项重要功能。

例如，京东快递率先提出"1小时未取件必赔""全程超时必赔"以及"派送不上门必赔"三大服务承诺，持续引领行业服务标准。

（3）有利于降低物流成本。

一些大型的零售企业为降低物流成本，实行由零售主导的共同配送、直送、JIT配送等新型物流服务，以支持零售经营战略的展开，这显示物流客户服务方式等软性要素的选择有利于降低物流成本。

例如，京东物流基于5G、人工智能、大数据、云计算及物联网等底层技术，一方面通过自动搬运机器人、分拣机器人、智能快递车等，在仓储、运输、分拣及配送等环节大大提升效率，另一方面还自主研发了仓储、运输及订单管理系统等，支持客户供应链的全面数字化。京东物流通过"智能大脑"，在销售预测、商品配送规划及供应链网络优化等领域实现决策，提高运行效率，降低物流成本，增强客户体验。

（4）留住客户。

客户是企业利润的源泉，而老客户与公司利润率之间更是有着非常高的相关性，留住老客户可以留住业务，摊销在客户销售以及广告方面的成本都较低。因此，通过提升服务留住客户至关重要。

例如，中外运是我国领先的物流企业，中外运有许多分公司。其中，中外运空运公司主要从事空运物流，针对空运物流市场，中外运空运公司的主要做法有：完善业务操作规范、实施程序化管理；提供24小时的全天候服务；提供门对门的延伸服务；充分发挥中外运的网络优势。正是由于这样有针对性的差异化服务，才形成了中外运空运公司与客户之间的良好合作伙伴关系，赢得了众多长期客户。

（5）创造供应链价值。

一方面，物流服务作为一种特有的服务方式，以商品为媒介，将供应商、厂商、批发商及零售商有机地组成一个从生产到消费的全过程流动体系，推动了商品的顺利流动；另一方面，物流服务通过自身特有的系统设施（POS、EOS、VAN等）不断将商品销售、库存等重要信息反馈给流通中的所有企业，并通过不断调整经营资源，使整个流通过程不断协调地应对市场变化，进而创造出单个企业的供应链价值。

3. 物流客户服务的内容

客户服务是物流企业最关键的业务内容，是企业的盈利来源。物流客户服务的内容如图7-3所示。

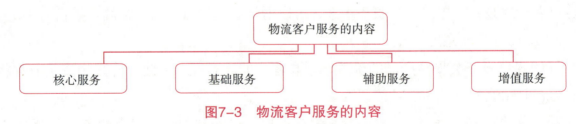

图7-3　物流客户服务的内容

（1）核心服务——订单服务。

订单服务是构成物流客户服务的主要部分，是从接到客户的订单开始发货到将货物送达客户手中的一系列物流过程，物流企业所用的业务都围绕着客户的订单而开展。订单服务包括订单传递、订单处理、订单分拣与整合、订单确认、退货处理等过程，每个程序都有具体的操作原则、标准和规程。

（2）基础服务——储存、运输与配送服务。

储存、运输与配送服务是物流客户服务的基础业务，其他的物流服务都是在它们的基础上延伸出来的，没有物流的基础服务就没有物流的延伸服务，物流企业只有扎实地做好储

存、运输与配送服务，才能使企业拥有更广阔的物流市场。

（3）辅助服务——包装与流通加工服务。

在物流基础服务做好以后，还必须做好包装与流通加工服务。包装与流通加工服务是促进销售、维护产品和提高物流效率的关键。

（4）增值服务——延伸服务。

物流的延伸服务可以在基本服务的基础上向上、向下延伸，如需求预测、货款回收与结算、物流系统设计、物流方案规划制作与选择、物流教育与培训等，这些服务能够为客户提供差异化的增值服务，使物流企业的服务更具有竞争力。

探究活动

请对比顺丰速运和京东物流提供的物流客户服务有什么相同和不同之处。

任务实施

根据班级人数将学生分成若干实训活动小组，每组设组长一名，负责安排、协调、督促小组完成实训任务，同时做好实训活动记录。

活动　分析物流客户服务

【案例】中外运物流有限公司是中国最大的综合物流整合商，是国家5A级综合物流企业。中国外运已形成代理及相关业务、专业物流、电子商务三大业务板块，能够为客户提供端到端的全程供应链解决方案和一站式服务。目前，公司在快速消费品、汽车、电子、医疗、国际货运、国际供应链（买方集运）、供应链金融等领域与三星、宝马等众多世界500强客户和政府机构展开了深入广泛的合作，并获得了客户的普遍赞誉。

请分析中外运在汽车产品业务领域为客户提供的汽车物流服务。

步骤一：登录中外运网站，查找汽车物流服务的内容

中外运已形成由入场物流、整车物流、售后物流和轮胎物流四大细分模块组成的专业化、规模化汽车业务板块，并逐步成为提供汽车物流一体化解决方案的全产业链综合物流服务商。其主要服务有以下几种：

1. 供应链设计

根据客户业务运作需求，为客户提供仓库选址、建仓设计、布局规划、运作能力设计、配送方案设计、运营管理体系设计等多种供应链设计服务，为客户节约整体物流费用。

2. 产前物流

产前物流是汽车业务板块的优势服务领域之一，在全国有多个为客户工厂定制或筹备的

产前库。产前库工人根据要求对货物进行相应的分拣、拆箱、再包装等操作，并根据工厂生产计划及需求订单，完成生产线24小时供货服务。

3. 全程供应链物流服务

随着市场需求变化，汽车业务板块适时抓住时机，结合传统货代业务，创新性地提出了从原材料的工厂提货、国内集装箱运输、报关、报检、海运、空运、目的港清关、海外内陆运输、海外仓库管理，并最终送至海外工厂生产线的新型的供应链服务模式。

从材料中可以看出，中外运为客户提供的服务内容既有核心服务、基础服务，又有辅助服务和增值服务。

步骤二：列举中外运的客户以及为客户提供的汽车物流服务

（1）为华晨宝马提供汽车集成供应链体系中关键的零部件入厂物流服务。

（2）为大陆马牌轮胎提供全供应链服务。

（3）作为奇瑞捷豹路虎汽车有限公司物流战略合作伙伴，主要为其提供多样化的、专业的"门"到"门"综合物流解决方案，服务范围囊括捷豹路虎在华生产的所有车型。

从材料中可以看出，中外运为国内外一线汽车相关品牌持续提供全方位、高质量、定制化的供应链服务。客户也由最开始的德尔福、固铂，发展到目前的捷豹路虎、宝马等数十家世界和国内500强企业。这些客户都是中外运的关键客户。

步骤三：分析物流客户服务的作用

本着质量为先、信誉为重、管理为本、服务为诚的服务理念，凭借标准化的硬件配备、专业化的物流方案、高素质的人员、高水平的服务水准，坚持清晰的目标客户定位，坚持走专业化道路，大力发展目标领域的物流服务，中外运现已成为中国汽车物流领域的领先者，轮胎物流领域的领军者。

综上所述，中外运通过物流客户服务成功地提高销售收入，提高客户满意度，降低物流成本，留住客户，创造供应链价值。

📖 任务评价

任务评价表

考评内容	能力评价					
	具体内容	工资 / 元				学生认定（40%）	教师认定（60%）
		笔记（20%）	作业（20%）	实训（40%）	测试（20%）		
考评标准	物流客户	2 500					

续表

<table>
<tr><th>考评内容</th><th colspan="5">能力评价</th></tr>
<tr><td rowspan="3">考评标准</td><td>物流客户服务特点</td><td colspan="2">2 500</td><td></td><td></td></tr>
<tr><td>物流客户服务作用</td><td colspan="2">2 500</td><td></td><td></td></tr>
<tr><td>物流客户服务内容</td><td colspan="2">2 500</td><td></td><td></td></tr>
<tr><td colspan="2">合计</td><td colspan="2">10 000</td><td></td><td></td></tr>
<tr><td colspan="6">各组成绩</td></tr>
<tr><td>小组</td><td>工资 / 元</td><td>小组</td><td>工资 / 元</td><td>小组</td><td>工资 / 元</td></tr>
<tr><td></td><td></td><td></td><td></td><td></td><td></td></tr>
<tr><td></td><td></td><td></td><td></td><td></td><td></td></tr>
<tr><td></td><td></td><td></td><td></td><td></td><td></td></tr>
<tr><td colspan="6">教师记录、点评：</td></tr>
</table>

备注：任务考核采用模拟企业工资绩效，用企业绩效管理模式来管理并考核学生的学习过程，实施过程性考核。工资以人民币计算，每100元折合为1分，计算总分时小数点后保留一位数字。

任务二　管理物流客户关系

案例导入

在京东零售3C家电事业群阳光看来，家居产品上的参数虽能标明产品属性，却无法和消费感知匹配。他发现，过去几年，取暖器品类的客户满意度持续处于低位，去年使用京东启明星进行体验诊断后，才发现“噪声大”是退货的主要原因，而这是过去一直未被发掘的原因，与用户使用场景有关。从反馈的结果来看，消费者常在睡眠场景使用取暖器，对噪声的感知相对其他场景更敏感。企业要提升认知，只有把握消费者的明确需求，才能有的放矢精准处理。

之所以能挖掘到用户原生场景的痛点，是因为相比传统调研冰冷的数字，京东启明星采集了京东上评论、客服、调研、问答等20多种文本数据，结合京东成熟的语义分析技术，与近30个品类行业专家的经验沉淀，能够精准定位用户体验的影响因素与改进点。基于此，取暖器品类在准确的方向上优化后，成功将退货率降低了22%。

结合案例，思考问题：

1.根据京东案例，应如何做好物流客户关系管理？

2.如何理解京东对客户的精准定位用户体验，体现了客户关系至上的服务理念。

任务描述

客户是企业的利润源泉，如何对客户进行有效的管理，是企业成败的关键。推广客户关系管理是企业生存发展、取得竞争优势的必备利器，制定完整的客户关系管理战略，细化客户关系管理程序，为客户提供量体裁衣式的服务，是未来物流企业生存发展的必由之路。本任务主要学习物流客户识别与管理、物流客户满意度管理、如何开发与巩固物流客户。

知识准备

客户关系管理（简称CRM），是企业以客户关系为重点，通过开展系统化的研究，不断改进与客户相关的全部业务流程，使用先进的技术优化管理，提高客户满意度和忠诚度，实现电子化、自动化运营目标，提高企业的效率和效益的过程，是企业利用信息技术和互联网技术实现对客户的整合营销，是以客户为核心的企业营销的技术实现。

物流客户关系管理，就是把物流的各个环节作为一个整体，从整体的角度进行系统化客户管理。这样就可超越各个环节的局部利益，排除各个环节之间的约束和目标冲突来协调各个环节的活动，从而提高管理水平，提高客户满意度，改善客户关系，最终提高企业的竞争力。

一、物流客户识别与管理

物流客户识别与管理是物流企业对客户信息资料的收集、整理、分析和交流反馈的过程，是物流企业客户关系管理过程中，通过有意义的沟通，理解并影响客户的行为，缔造客户忠诚和创利的管理活动。物流客户识别与管理包括的内容如图7-4所示。

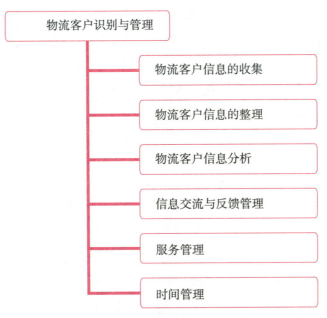

图7-4　物流客户识别与管理

1. 物流客户信息的收集

物流客户信息是随企业的物流活动同时发生的，是与物流订货信息、库存信息、生产指标信息、发货信息等信息相对应的组织或个人信息的集成。

（1）物流客户信息收集的内容。

①市场占有情况；②对客户需求的响应情况；③价格水平的适应情况；④客户投诉和抱怨情况；⑤处理投诉的时间及质量情况；⑥客户关系状况；⑦客户结构变化情况及原因；⑧员工服务态度和技能水平。

（2）物流客户信息收集的方法。

一般包括确定收集的范围及目标、制订收集计划、选择收集方法、进行信息收集等。其中最重要的选择收集方法如表7-2所示。

表7-2　物流客户信息收集的方法

收集方法		含义	优点	缺点
资料查阅法		通过客户主动分享获得二手资料（如公开或半公开的行业媒体报道、学术期刊等），通过调研获得一手资料（如问卷、观察、访谈等）	简单、成本低、准确率高	时效性差、不能及时更新
问询法	直接拜访法	直接拜访客户获得资料	可进行深入交谈，获得文书无法获得的信息	效率低、开销大

续表

收集方法		含义	优点	缺点
问询法	电话调查法	通过电话获得客户资料	可深入交谈，效率高，成本低	访问时间受限制，无法深入解释说明
	邮寄调查法	通过邮寄调查问卷获得客户资料	简单、成本低	时效性差，访问内容受限制，无法深入解释说明
	互联网调查法	发送媒介有网络弹出广告、邮箱发送和问卷平台等	简单、成本低、准确率高	时效性差，访问内容受限制，无法深入解释说明
观察法		通过实地观察获得一手数据	可直观了解情况，时效性强、灵活等	可能存在误解，结果相对主观，适用率相对较低

探究活动

搜集京东快递的有关资料，你会用什么方法搜集资料呢？

2.物流客户信息的整理

物流客户信息的整理是指采用科学方法对收集到的信息进行筛选、分类、比较、计算、储存，使之条理化、有序化、系统化，进而能够综合反映物流客户特征的工作。

（1）物流客户信息整理的目标。

①支持有效服务。

客户在提出问题时都希望获得快速、准确的答复，因此信息的整理分类应包括客户的偏好和历史等资料，使客户的反馈得到及时响应。

②方便信息共享。

通过整理后的物流客户信息能及时、便利地满足物流企业各相关部门的需要。

③服务于工作流程管理。

物流客户信息的整理工作应当服务于工作流程管理，能给工作人员提供恰当的工作数据，对工作流程起到推动和监控的作用，也能为提高客户满意度提供支持，为回答客户咨询的员工提供及时、准确的信息并为各地员工都能访问各业务系统的全部信息提供有用的数据。

（2）物流客户信息整理的方法。

①人工整理。

物流客户信息的人工整理是利用手工，借助各种图表形式对物流客户信息进行归类、计算、分析的整理方法，主要包括内部物流客户和外部物流客户的信息整理。物流客户信息人工整理的内容如图7-5所示。

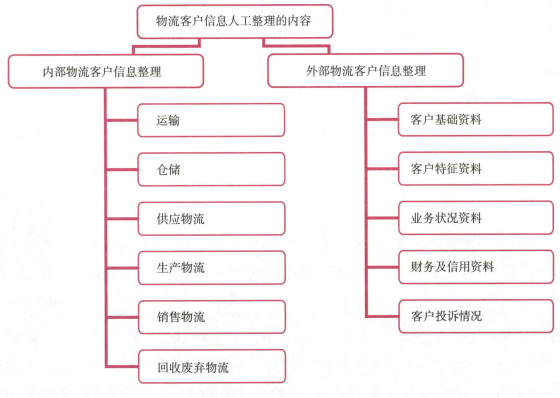

图7-5　物流客户信息人工整理的内容

②计算机整理。

物流客户信息的计算机整理是建立一个企业能随时调用的物流客户信息系统和信息网络，由数据储存、传输、加工和信息输出等环节组成。

3. 物流客户信息分析

该项工作首先要分析谁是企业的客户，分辨谁是一般客户、合适客户和关键客户，这是客户管理的基础；其次要分析客户的需求特征和购买愿望，并在此基础上分析客户差异对企业利润的影响。客户信息分析不能仅仅停留在对客户信息的数据分析上，更重要的是对客户的态度、能力、信用、社会关系的评价。根据客户信息制定客户服务方案，来满足个性化需求，提高客户价值。

4. 信息交流与反馈管理

客户管理过程就是与客户交流信息的过程，实现有效的信息交流是建立和保持企业与客户良好关系的途径。客户反馈衡量了企业承诺目标实现的程度，并在及时发现客户服务过程中的问题等方面具有重要作用。

5.服务管理

主要包括：①服务项目的快速录入、服务项目的安排、调度和重新分配，投诉及处理；②搜索和跟踪与某一业务相关的事件并生成事件报告；③服务协议与合同、订单管理和跟踪；④问题及其解决方法的数据库。

6.时间管理

主要内容有：①进行日程安排，约见或活动计划有冲突时，系统会即时提示；②进行事件安排；③进行团队事件安排；④查看团队中其他人的安排，以免发生冲突；⑤将事件安排通知相关人员等。

二、物流客户满意度管理

客户满意度是指客户对所购买的产品和服务的满意程度，以及能够期待他们未来继续购买的可能性，是客户满意程度的感知性评价指标，是客户的一种心理反应。

物流客户满意度管理

1.客户满意度分析

客户满意度是测量客户服务水平的量化指标。"满意"是客户通过对一种产品或服务的可感知的效果与其期望值相比后所形成的一种愉悦或失望的感觉心理状态，是对所获得产品或服务的一种主观评价。

客户在决策之前，心中就已经有了该服务应达到的心理标准，从而形成期望。在获得服务后，他们将服务的实际价值与自己的标准相比较，从比较中得出满意度。这种比较可能有三种可能的结果：

（1）如果该产品和服务与自己的标准相符，客户就会感到可以接受。

（2）如果该产品和服务超过了自己的标准，客户就会感到满意。

（3）如果该产品和服务达不到自己的标准，客户就会产生不满。

资料卡片

客户满意度应表现在以下两个层面：

（1）从个人层面上讲，客户满意度是客户对产品或服务消费经验的情感反应状态。

（2）从企业层面上讲，客户满意度是企业用以评价和增强企业业绩，以客户为导向的一整套指标。

2.客户满意度评价

客户满意度评价是一种从客户感受的焦点来反映，研究客户满意度的方法。一般从客户经历的服务质量、感知价值和客户期望的服务质量三个方面来评价。

（1）客户经历的服务质量。

它通过客户近期接受的服务来评价，对客户满意度具有直接的正面影响。

（2）感知价值。

客户所感受的相对于价格的服务质量水平，感知的价值增长与客户满意度之间呈相关关系。

（3）客户期望的服务质量。

客户以往的经验影响客户期望的服务质量，在服务水平确定的条件下，客户期望服务质量的高低决定了客户的满意程度，预期质量高则满意度低。

3.提高物流客户满意度的方法

（1）提供个性化产品和服务。

随着消费需求的个性化、多样化，客户对能展现个性化的产品和服务更加青睐。个性化的产品能增加客户的认知体验，从而培养客户的认知信任，客户信任需要企业的实际行动来培养，只有个性化的产品和及时性的服务，才能适应客户的需求变化，才会使客户信任。

例如，对于习惯网购的消费者来说，通常都要求物流服务越快越好，但也并非全部如此，如有网友趁商家打折促销买了一堆建材用品，但装修期却在两个月后。为了让参加天猫双十一购物狂欢节的消费者享受网购的便利，多个家装品牌推出了"慢递"服务，可让消费者在2~4个月内任何时间进行提货的个性化服务。

（2）增强客户体验。

增强客户体验是培养客户信任感的重要方法，客户购买企业的产品和服务实质上是在接受一种体验，因此，企业应树立为客户服务的理念，不断进行改进，提高服务质量。

例如，顺丰速运竭力构建一种专业、安全、快捷的服务模式。专业的流程、专业的设施和系统，并且开通了VIP绿色通道等。安全：全方位的检测体系、严格的质量管控等。快捷：构建了12种服务渠道，使客户能时刻体验轻松、便捷的顺丰服务。其中包括4种人工服务（收派员提供收派任务、服务热线、营运网点、在线服务）和8种自主服务，特别是顺丰网站（包括一般业务查询，可查询收送范围、客户编码、快件跟踪等；顺丰网上寄件服务，在大部分服务范围内，工作人员1小时就可上门派收；体验并了解顺丰的一系列增值服务和自助工具，如顺丰速运通、网上寄件、移动助理、电邮助理、短信助理的使用）、客户自助端、运单套打程序、顺丰移动助理、顺丰短信助理、顺丰电邮助理。利用不断创新的服务模式来赢取客户。

（3）制定客户服务质量评价标准。

客户服务质量评价标准即为7RS。7RS的核心是企业能在恰当的时间，以正确的货物状态和适当的货物价格，伴随着准确的商品信息，将商品送达准确的地点，以适当的产品和服务来满足客户需要，有助于提高客户的满意度。

资料卡片

　　7RS包括适当的质量、适当的设计、适当的数量、适当的时间、适当的价格、适当的服务、适当的形象。

　　案例：联邦快递总结出客户满意度包括应该避免的8种服务失败，具体是：①送达日期错误；②送达日期无误，但时间延误；③发运遗漏；④包裹丢失；⑤对客户的错误通知；⑥账单及相关资料错误；⑦服务人员表现不佳；⑧包裹损坏。所以对客户而言，满意的标准不仅仅只是准时送达。

（4）重视客户关怀。

客户关怀是指物流服务提供的企业对其客户从购买服务到购买服务后所实施的全程服务活动，如客户服务、优质的服务质量和及时完善的售后服务。

例如，当客户打电话给顺丰速运时，只要报出发件人的姓名和公司的名称，该客户的一些基本资料和以往的交易记录就会显示出来。当客户提出寄送某种类型的物品时，顺丰速运会根据物品性质向客户提醒寄达地海关的一些规定和要求，并提醒客户准备必要的文件。

三、开发物流客户

如何开发物流客户是物流客户关系管理的工作重心。物流客户具有一定的特性，开发物流客户一定要根据客户的特征结合企业本身的特点，运用市场营销原理，通过建立良好的物流服务体系，进行精确的物流市场定位以及开展多样的物流促销活动等途径来开发物流客户，为企业赢得利润。

1.建立良好的物流服务体系

（1）优化物流服务设施配置。

物流服务设施包括房屋建筑、各类机械设备、通信设备以及信息系统和网络等。企业在进行设施配置的时候，一定要与物流活动需要、发展目标相适应，同时要考虑能够形成技术和资源优势，达到吸引客户的目的。

（2）完善物流服务作业体系。

企业在锁定了目标市场之后，要力图通过完善的服务作业体系吸引一部分客户。企业应当建立相应的服务人员管理、服务质量保证和客户投诉处理等规章制度，规范服务作业流程，进行必要的培训以提高员工的整体素质。

2. 进行准确的物流市场定位

要想进行准确的物流市场定位，必须要细分物流市场，找出目标市场，找准物流客户，做到有的放矢，才能有效地开发物流客户；再结合企业自身实力、产品差异、物流市场需求特点、产品生命周期、市场竞争状况、营销宏观环境等，选择一个或几个或全部细分市场作为自己的目标市场。

3. 开展多样的物流促销活动

开拓物流客户最具实质性的途径是开展多样的物流促销活动，以此来吸引更多的物流客户。对物流服务的促销应当明确产品的范围、促销的价值，持续的时间以及受益者。

探究活动

请找一找，顺丰速运有哪些物流促销活动？

四、巩固物流客户

物流服务企业可以采用建立物流服务品牌、提高物流客户满意度、实施忠诚客户计划、开发物流服务新产品、强化内部客户管理等方法来巩固物流客户，培养客户的忠诚度。

1. 建立物流服务品牌

建立物流服务品牌是物流企业扩大市场、实现发展的有效途径，对巩固客户具有战略性的意义。企业应当让客户充分理解品牌的含义，让他们确切地知道所选择的品牌对他们意味着什么。同时，企业还应运用有效的手段赋予品牌新的活力，维护品牌的地位，提高品牌的知名度。

2. 强化内部客户的管理

员工也是企业的客户，企业要想提高外部客户的忠诚度，首先要做的就是强化内部管理，重视员工的需求，使自己的内部客户——员工满意，进而提高外部客户的满意度，以维系外部客户的忠诚，即巩固客户。

例如，顺丰速运的快递员薪酬体系，包括直接薪酬和福利两方面。其中，直接薪酬包括工资和奖金，福利包括经济型福利和非经济型福利。经济方面，比如提供高温高寒补助，夜班人员提供夜班补助、饭补等。非经济型福利方面，充分尊重员工，提供弹性工作制、提供更多的内部晋升机会等。让员工感觉到自己不仅仅是一个快递员，而是受到企业精神层面的重视，为企业愿景一起努力的必不可少的一员。

3. 开发物流服务新产品

企业所提供的服务不能一成不变，应当不断地进行调整，淘汰已经没有市场的产品，完善具有发展潜力的产品，开发客户需要的新产品，提供新的服务，为企业带来新的客户，促使现有客户更加忠诚。

任务实施

根据班级人数将学生分成若干实训活动小组，每组设组长一名，负责安排、协调、督促小组完成实训任务，同时做好实训活动记录。

活动　收集物流客户信息

【案例】××物流公司的客户众多，信息分散，因此，该公司常常出现发错货物的情况，造成物流成本浪费，客户流失。为此，公司打算对所有客户进行分档管理。

步骤一：收集客户信息

（1）填制客户基本信息调查表，如表7-3所示。

表7-3　客户基本信息调查表

客户名称	电话	地址	联系人	主营业务	经营规模	营业执照	主营产品	营业时间	信用级别	经营项目	所需产品种类	产品月需求量	供应商结构
1													
2													

（2）填制客户特征资料表，如表7-4所示。

表7-4　客户特征资料表

客户名称	资金实力	固定资产	经营观念	经营方向	经营政策	经营历史	经营特点	销售能力	市场区域	内部管理状况
1										
2										

（3）填制客户业务状况资料表，如表7-5所示。

表 7-5　客户业务状况资料表

客户名称	财务状况	销售变动趋势	内部人员素质	与本公司业务关系	客户公司形象
1					
2					

步骤二：收集客户物流市场信息

（1）客户主要物流货物的特征，例如货物形状、包装、储存要求等。

（2）客户经营货品流量、流向、存储、运输方式、服务价格、时效要求。

（3）客户现阶段供应链模式，例如原材料、产成品、供应商。

（4）客户对物流服务的要求。

（5）客户选择物流服务商的关键因素，例如价格、时效、信用等。

（6）客户未来的物流量增长预期。

步骤三：整理数据信息

把步骤一和步骤二的所有数据信息录入电子表格中，方便后续分析统计。

步骤四：编制统计报表

完成任务调查获得客户的一手数据后，经过对数据的规范化整理，再利用Excel等数据分析软件进行数据的描述性统计。

任务评价

任务评价表

考评内容	能力评价						
	具体内容	工资/元				学生认定（40%）	教师认定（60%）
		笔记（20%）	作业（20%）	实训（40%）	测试（20%）		
考评标准	物流客户信息的收集	2 000					
	物流客户信息的整理	2 000					
	物流客户满意度管理	2 000					

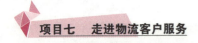

续表

考评内容	能力评价			
考评标准	物流客户开发	2 000		
	物流客户巩固	2 000		
合计		10 000		
各组成绩				
小组	工资／元	小组	工资／元	小组	工资／元
教师记录、点评：				

备注：任务考核采用模拟企业工资绩效，用企业绩效管理模式来管理并考核学生的学习过程，实施过程性考核。工资以人民币计算，每100元折合为1分，计算总分时小数点后保留一位数字。

任务三　处理物流客户投诉

案例导入

海陆空专业物流运输大型货运代理企业，因其特殊性决定了在日常业务操作中会有客户投诉，如何处理好客户投诉并将投诉转为营销活动，自然也就成为大家共同关注的话题。

1. 日常业务中可能产生的操作失误

（1）业务人员操作失误。计费重量有误、包装破损、报关/报验失误等情况。

（2）销售人员操作失误。结算价格与报价有差别、与承诺的服务不符等。

（3）供方操作失误。货物丢失或损坏、送（提）货时不能按客户要求操作等。

（4）代理操作失误。对收货方的服务达不到对方要求等。

（5）客户自身失误。客户方的业务员自身操作失误等。

（6）不可抗力因素。天气、战争、事故等造成的延误、损失等。

以上情况都会导致客户对公司的投诉，公司对客户投诉处理的不同结果，会使公司与客户的业务关系发生变化。

2. 对不同的失误，客户有不同的反应

（1）偶然并较小的失误，客户会抱怨。失误给客户造成的损失较小，但公司处理妥当，可使多年的客户关系得以稳定。

（2）连续的或较大的失误会遭到客户投诉。客户抱怨客服人员处理不当，而此时，客户又接到自己客户的投诉，转而投诉货代等。

（3）连续投诉无果，使客户沉默。由于工作失误，客户损失较大，几次沟通无果。如果出现这种情况，一般而言，通常会出现两种结果，一是客户寻求新的合作伙伴，另一种则是客户暂时没有其他的选择，只能继续与我方合作。

所有这些可以归纳为四步曲：客户抱怨、客户投诉、客户沉默、客户丢失。其实这些情况在刚出现时，只要妥善处理是完全可以避免的。因为当客户对你进行投诉时，就已经说明他还是想继续与你合作的，只有当他对你失望，选择沉默，才会终止双方的合作。

结合案例，思考问题：

1.从以上案例可知，应如何看待客户投诉？如何正确处理客户投诉？

2.面对客户投诉，企业应培养员工的哪些职业素养和技能素养？如何培养员工诚信待人、踏实做事的职业精神？

任务描述

客户投诉是指客户在使用产品或接受服务过程中，通过各种途径对产品或服务明确表示不满，要求企业解决和答复的行为。客户投诉是商机而不是危机，正确处理客户投诉，可以使物流企业不断改进服务，提高客户满意度，使投诉的客户成为忠诚的客户。本任务主要学习物流客户投诉的主要类型、投诉的主要方式、处理物流客户投诉的原则和工作流程。

知识准备

接受客户投诉是处理客户投诉的第一步，也是重要的一步，能否给客户留下良好的第一印象将直接影响到后续的工作。因此接受客户投诉首先要分析客户投诉的原因，了解客户投诉的方式，面对客户的投诉要采取相应的技巧，使企业的损失降到最低。

一、物流客户投诉的主要类型

物流客户之所以要投诉，是因为自己的期望没有得到满足时的一种心理上和行动上的反应，具体来说，物流客户投诉主要包括以下两种类型：

1. 服务态度

服务人员的态度不好、应对不得体以及员工自身的不良行为，如冰冷的服务态度、爱理不理的接待方式等都会引起客户的不满意。

2. 服务质量

（1）送货送错或送迟，运输途中运输工具发生故障。

（2）服务水平达不到收货方的要求，与承诺的服务标准不符。

（3）对货物运输过程监控不利，运输过程中货物丢失、货物包装破损、货品发生破损、货差或变质等现象。

（4）送（提）货时不能按客户要求操作。

（5）结算方式与合同不符。

（6）收费重量确认有误。

（7）计算价格与所报价格有差别。

（8）结关单据未及时返回，单据开错等现象。

（9）客户服务人员对物流业务的知识和技术不够了解。

（10）对客户的初次不满处理不当，造成二次投诉。

二、物流客户投诉的主要方式

物流客户投诉的主要方式有四种，如图7-6所示。

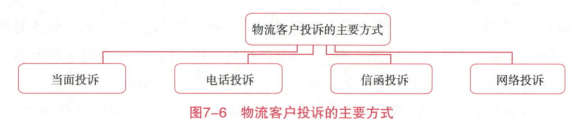

图7-6　物流客户投诉的主要方式

三、处理物流客户投诉的原则

为了正确处理客户投诉，企业应明确规定处理的规范和原则，建立客户投诉管理制度。处理物流客户投诉的原则如图7-7所示。

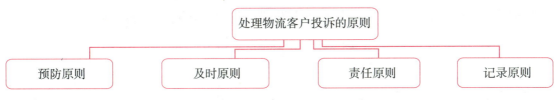

图7-7 处理物流客户投诉的原则

四、处理物流客户投诉的工作流程

处理物流客户投诉的工作流程通常包括如图7-8所示的步骤。

处理物流客户投诉

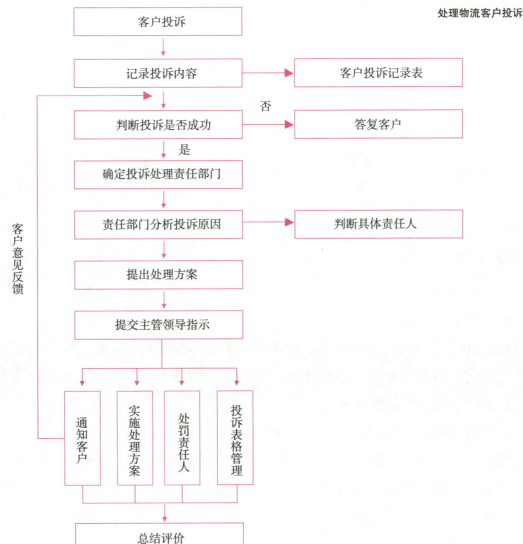

图7-8 处理物流客户投诉的工作流程

1. 记录投诉内容

在接到客户投诉或抱怨的信息时，作为物流企业的客户服务人员一方面要耐心倾听，另一方面要从客户的抱怨中引导客户说出关键问题，为客户及时解决问题。在受理客户投诉的

过程中，要记录投诉内容，获取客户信息并填写客户投诉登记表（表7-6）。

表7-6 客户投诉登记表

编号：

受理日期		投诉单号	
运单号码		寄件日期	
客户姓名		客户名称	
联系电话		联系地址	
投诉方式		□电话　　□信函　　□面谈	
投诉内容：			
客户要求：			
货物描述	品名： 重量：	件数： 包装：	
主管部门			
客户投诉的严重程度		□高　　□中　　□低	

客服代表：　　　　　　　　　　　　　　　　　日期：

（1）货物的相关信息。

货物的相关信息包括运单号码、寄件日期等。如果是货物破损，客户要提供货物的详细描述（如品名、数量、重量、包装等）；如果是货物丢失，客户除了要提供货物的详细描述外，还要及时获得运单的复件等。

（2）客户投诉内容及要求。

在物流行业中客户投诉的内容是多方面的，如递送延误、货物破损或丢失、计费失误等，客户对投诉处理的要求也各有差异：有的客户只要求及时更正错误；有的客户要求赔偿；有的客户更要诉之于法律及公开媒体等。

（3）客户的联系方式。

必须尽可能多掌握客户的联系方式，如手机号码、邮箱、客户公司地址等，以便在调查过程中通过多渠道与客户联系。

2. 判断投诉是否成立

在了解客户投诉的内容后，要确定客户投诉的理由是否充分，投诉要求是否合理。如果投诉不能成立，就应当以委婉的方式答复客户，以取得客户的谅解，消除误会。

3. 确定投诉处理责任部门

根据客户投诉的内容，确定相关的具体处理部门和负责人。责任划分的基本原则如下：

（1）责任部门和责任人因未履行以下责任导致投诉，应由责任部门和责任人承担责任。

①开单部门有对货物跟进的义务和与客户沟通解释的责任；

②汽运和空运操作中心有对货物及时装卸、归位、配载、运输工具在途跟踪、反馈异常的责任；

③到达部门有对货物及时卸货、通知自提、派送、中转、录入签收，做收银确认、反馈异常的责任；

④信息管理中心有给客户反馈正确信息的责任；

⑤财务部有及时对账款进行审核、开发票、处理税务问题、退代收货款的责任。

（2）投诉责任人的直接领导和上一级部门要承担相应的连带责任，并对责任人进行相应的培训。

（3）责任部门为两个或两个以上部门时，应按责任占比承担责任，责任占比较大部门主导处理。

（4）投诉责任划分是为了更好地反映责任部门和责任人在工作中存在的问题，责任部门和责任人需认真对待，不得敷衍了事。

4. 责任部门分析投诉原因

责任部门要查明客户投诉的具体原因及造成客户投诉的具体责任人，确认责任部门，追究其责任。客户投诉责任认定如表7-7所示。

表7-7 客户投诉责任认定

责任总类型	分类型	责任界定
1. 货差	反馈异常及时（在规定标准反馈时间内）	上环节部门
	反馈异常不及时（介于规定标准反馈时间之外至12小时内）	丢货环节部门
	无反馈异常	丢货环节部门
2. 货损	反馈异常及时（在规定标准反馈时间内）	上环节部门
	反馈异常不及时（介于规定标准反馈时间之外至12小时内）	破损环节部门
	无反馈异常	破损环节部门

续表

责任总类型	分类型	责任界定
3. 延误时效	货物操作部门正常收货，延误发货	操作部门
	货物收运部门正常收货，但途中出现意外或者延误时效，导致延误发货	收运部门
	货物收运部门延误发货	收运部门
	货物汽运中心、汽运部正常发货，终端部门正常发货，延误中转外发	终端部门
	收运部门承诺客户上门接货，未按时接货	收运部门
	货物正常收货，延误送货、卸货、通知提货、反馈异常、反单等	延误环节部门
	货物正常发货，车子在路上因堵车或坏车或事故，总体到货时间延误	到达的上一环节（可不处罚）
	操作中心正常发货，车子在路上因堵车或坏车或事故，总体到货时间延误	操作中心（可不处罚）
	代收货款更改受理不及时（正常情况下是 30 分钟内更改完成）	受理部门
	因开单部门未按公司的规定而给客户承诺时效	始发部门
4. 价格费用	价格不合理，开单价格与公司公布价不符	收运部门
	终端到达部门为自营网点，到付费用异常	收运部门
	终端到达部门为合作网点，到付费用异常	中转部门
	费用不清晰	费用有疑问部门

5. 提出处理方案

依据实际情况，参照客户的投诉要求，提出解决投诉的具体方案，如退货、换货、维修、折价、赔偿等。

6. 提交主管领导批示

针对客户投诉问题，主管领导应对投诉的处理方案一一过目，并及时做出批示。根据实际情况，采取一切可能的措施，尽力挽回已经出现的损失。

7. 实施处理方案

处罚直接责任者，通知客户，并尽快收集客户的反馈意见。对直接责任者和部门主管要根据有关规定做出处罚，依照投诉所造成的损失大小，扣罚责任人一定比例的绩效工资或资金；对不及时处理问题而造成延误的责任人也要追究相关责任。

8. 总结评价

对投诉处理过程进行总结与综合评价，吸取经验教训，并提出改善对策，从而不断完善企业的经营管理和业务运作，提高客户服务质量和服务水平，降低投诉率。

五、处理物流客户投诉的技巧

物流企业因其特殊性决定了在日常业务操作中会有客户投诉，妥善处理好客户投诉有利于将投诉转为营销活动。

（1）虚心接受，耐心倾听；

（2）设身处地，换位思考；

（3）承受压力，微笑面对；

（4）有理谦让，处理结果超预期；

（5）长期合作，力争双赢。

例如，C公司承揽一票30标箱的海运出口货物由青岛去日本，由于轮船爆舱，在不知情的情况下被船公司甩舱。发货人知道后要求C公司赔偿因延误运输而产生的损失。C公司首先向客户道歉，然后与船公司交涉，经过努力船公司同意该票货物改装3天后的班轮，考虑到客户损失将运费按八折收取。C公司经理还邀请船公司业务经理一起到客户处道歉，并将结果告诉客户，最终得到谅解。结果该纠纷圆满解决，货主方经理非常高兴，并表示："你们在处理纠纷的同时，进行了一次非常成功的营销活动。"

资料卡片

令客户心情晴朗的技巧——"CLEAR"方法，也就是将客户愤怒清空技巧。

C——控制你的情绪（Control）；

L——倾听客户诉说（Listen）；

E——建立与客户共鸣的局面（Establish）；

A——对客户的情形表示歉意（Apologize）；

R——提出应急和预见性的方案（Resolve）。

任务实施

根据班级人数将学生分成若干实训活动小组，每组设组长一名，负责安排、协调、督促小组完成实训任务，同时做好实训活动记录。

活动   处理客户投诉

【案例】2023年3月6日，××快递公司客服部接到杭州××服装公司客户小陈的投诉电话。小陈委托该快递公司从南京托运两箱貂皮服装到杭州，等小陈提货时，却被告知货物在托运过程中丢失，小陈要求快递公司全额赔偿该批货物价值8万元。但快递公司称小陈在托运时没有办理货物运输保险，而且并没有在运单上注明货物的实际价值，快递公司只愿意赔偿部分损失。小陈非常生气，给快递公司领导打电话语气非常不善。客服人员要正确处理投诉。

步骤一：填写客户投诉登记表（表7-8）

表7-8   客户投诉登记表

受理日期	2023 年 3 月 6 日	投诉单号	3
运单号码	123456789	寄件日期	
客户姓名	陈 ××	客户名称	杭州 ×× 服装公司
联系电话		联系地址	
投诉方式	☑电话　　　□信函　　　□面谈		
投诉内容：两箱貂皮服装丢失			
客户要求：要求快递公司全额赔偿该批货物价值 8 万元			
货物描述	品名：貂皮服装 重量：	件数：两箱 包装：	
主管部门			
客户投诉的严重程度	☑高　　　□中　　　□低		

步骤二：判断投诉是否成立

通过阅读案例，可以判断小陈投诉成立。

步骤三：确定投诉处理责任部门

根据小陈投诉的内容和要求，确定开单部门、运输部门承担相应的责任。

步骤四：责任部门分析投诉原因

（1）开单部门没有和客户进行详细的沟通，导致接货单内容填写不完整。

（2）货物跟踪不到位，反馈不及时。

步骤五：提出处理方案

依据实际情况，参照小陈的投诉要求，提出解决投诉的具体方案。

步骤六：提交主管领导批示

把投诉处理的解决方案报批主管领导。根据实际情况，采取一切可能的措施，尽力挽回已经出现的损失。

步骤七：实施处理方案

处罚本次投诉事件的直接责任者，通知客户，并尽快收集客户的反馈意见。

步骤八：总结评价

总结本次客户投诉的事件，引以为戒。

任务评价

任务评价表

考评内容	能力评价						
	具体内容	工资／元				学生认定（40%）	教师认定（60%）
		笔记（20%）	作业（20%）	实训（40%）	测试（20%）		
考评标准	客户投诉的主要类型	2 000					
	客户投诉的主要方式	2 000					
	处理客户投诉的原则	2 000					
	处理物流客户投诉的流程	2 000					
	处理物流客户投诉的技巧	2 000					
合计		10 000					
各组成绩							
小组	工资／元	小组	工资／元	小组	工资／元		

续表

考评内容	能力评价				
教师记录、点评：					

备注：任务考核采用模拟企业工资绩效，用企业绩效管理模式来管理并考核学生的学习过程，实施过程性考核。工资以人民币计算，每100元折合为1分，计算总分时小数点后保留一位数字。

 项目拓展

一、单选题

1.企业的利润最主要来自（　　）。

A.一般客户　　　　　　B.关键客户　　　　　　C.潜力客户　　　　　　D.所有客户

2.（　　）主要是指客户服务中心接待下单、查询、投诉等服务。

A.物流客户接待服务　　B.客户投诉服务　　　　C.客户咨询服务　　　　D.客户关系服务

3.（　　）是物流客户管理的基础。

A.物流客户信息　　　　B.物流客户满意度管理　　C.开发物流客户　　　　D.巩固物流客户

4.（　　）给了企业最好的扭转局面的机会，因为客户就在眼前，只要采用了正确的应对方式，客户就会满意而去。

A.电话投诉　　　　　　B. 当面投诉　　　　　　C.信函投诉　　　　　　D.网络投诉

二、多选题

1.物流客户服务的内容包括（　　）。

A.核心服务　　　　　　B.基础服务　　　　　　C.辅助服务　　　　　　D.增值服务

2.物流客户接待服务按接待形式不同，可以分为（　　）。

A.客户来电接待　　　　B.客户来访接待　　　　C.投诉处理　　　　　　D.下单咨询

3.物流客户信息收集中的问询法包括（　　）。

A.直接拜访法　　　　　B.电话调查法　　　　　C.邮寄调查法　　　　　D.互联网调查法

4.处理物流客户投诉的原则有（　　）。

A.预防原则　　　　　　B.及时原则　　　　　　C.责任原则　　　　　　D.记录原则

三、简答题

1.简述物流客户服务的概念、作用、内容。

2.什么是物流客户满意度？提升物流客户满意度的方法有哪些？

3.什么是物流客户管理？如何识别和管理物流客户？

4.简述处理物流客户投诉的流程。